Master of Business Administration

MARKETING MANAGER

行銷經理

菁英培訓版

成為行銷經理人所必備的基礎知識

如果對市場沒有正確的認識，企業就不可能被市場認同。
但僅僅認識市場是不夠的，重要的是要根據市場改變經營策略。

讀品企研所 / 編譯

讀文

永續圖書線上購物網
讀品文化事業有限公司
www.foreverbooks.com.tw
yungjiuh@ms45.hinet.net

無限系列 04

行銷經理

編　　譯　讀品企研所
出 版 者　讀品文化事業有限公司
責任編輯　陳柏宇
封面設計　姚恩涵
內文排版　王國卿

總 經 銷　永續圖書有限公司
TEL ／(02)86473663
FAX ／(02)86473660
劃撥帳號　18669219
地　　址　22103 新北市汐止區大同路三段 194 號 9 樓之 1
TEL ／(02)86473663
FAX ／(02)86473660
出 版 日　2018 年 04 月

法律顧問　方圓法律事務所　涂成樞律師
CVS 代理　美璟文化有限公司
TEL ／(02)27239968
FAX ／(02)27239668

國家圖書館出版品預行編目資料

行銷經理／讀品企研所編譯.
--初版. --新北市 ：讀品文化, 民 107.04
面； 公分. -- （無限系列：04）
菁英培訓版
ISBN 978-986-453-073-1 (平裝)
1. 行銷學
496　　107002744

前言

本書特色：

一、淡化理論和公式，注重實用技巧

內文具有務實性、實踐性和操作性。本書目的並不在於培養「學院派」的經營管理者，而是培養能學以致用，崇尚踏實，真正能在工商經濟領域領導一個企業或其他組織機構的中高層經營管理者。秉持這種精神，本書沒有大量深奧的理論和複雜的公式，而是講述典型案例和實用技巧。

書中要講述的主要內容是真正的「管理」，而不是「管理學」；在分析研究案例的基礎上，找到普遍性的規律，以得到概念、原理和問題的解決，它的目的不是培養知識型的「管理碩士」，而是注重造就「職業老闆」。

在講述方法和理論的時候，力求精、透，而不追求面面俱到。

二、通俗易懂，可讀性強

書中儘量避免用那些比較專業和不容易理解的詞語；在選用案例的時候，也儘可能地用故事性代替專業性，用簡短、淺顯但典型的案例代替冗長、複雜甚至晦澀的案例。

市場是千變萬化的，在課堂上，從教科書裏學到的知識畢竟有限，要想成爲高手，還需要廣泛閱讀，不斷提高管理素質及水準。

這是一本幫你成功的實用參考書。書中闡述的精華要點，是成為行銷高手所必備的成功基礎知識。它既是社會各界掌握工商管理高級技能的通俗性文獻，又是攻讀的輔助性教材，同時也是的簡明自修讀本。

必須強調：一個合格稱職的人才絕不該只會死讀書本知識，而是應該在實踐中提高運用理論知識獨立分析和解決問題的能力。

目錄

第二章 價格競爭是有效的手法

第三章 準確的資訊是行銷成功的先導

第四章　提高銷售團隊和人員素質

第五章 適應市場行銷的新潮流

第六章 依靠實力在競爭中獲勝

第七章　讓廣告達到事半功倍的效果

青英培訓版

MEMO

第一章

奉行以顧客為導向的宗旨

第一節 正確認識市場，把握準確的時機

市場導向是行銷和企業成功的關鍵。一家注重市場的公司，其所有活動都是在創造「顧客價值」這一目標的驅動下展開的。

為了實現這個目標，公司首先必須能夠感受市場的動向，做到這一點最常用的方法就是進行市場調查，加強經理人員和客戶（顧客）間的聯繫，密切關注競爭對手的動向。其次，如果想要利用這種對市場的認識改善經營狀況的話，還必須形成一種鼓勵靈活性和首創精神的企業風氣。

這裡說的「顧客價值」指的是顧客對以下兩方面的權衡，從某種產品或某項服務中所能獲得的總利益與他們心目中在購買或擁有時所付出的總代價的比較。

雖然顧客們通常有更多的事情要考慮，但是一般他們對收益與代價的「正確」比例已有自己的標準。顧客在對可供選擇的產品進行比較後，選中了他們認為會給他們

帶來最大利益的產品。因此有價值是一種相對的概念，是相對競爭對手所能提供的利益而言的。

一、正確認識市場

一家公司創造顧客價值的能力首先取決於它認識市場的能力，即瞭解顧客現有和正在出現的需求的能力。

瞭解競爭對手——它的各種實力，它的產品與服務和它的策略。

瞭解技術、社會和人口發展趨勢——它們將決定未來的市場和競爭的格局。

企業可以透過以下三項主要措施來增進對市場和顧客價值觀的瞭解：

(1)市場調查與分析。世界知名的大企業越來越注重對市場的研究。據歐洲市場研究學會估計，在這十幾年間，世界各大公司在全世界範圍內用於委託他人進行市場調查的費用增加了一倍，達到年平均七十億英鎊。公司內部用於對客戶（顧客）資料（例如從購買客戶資料和爭取回流客計劃著手）分析的費用增長速度甚至更快。

(2)高級經理人員和客戶（顧客）直接接觸。人們一直認為，高級經理人員走出辦公室，直接面對顧客是大公司在商務方面的最好做法。現在，消費品公司和服務公司的高級經理人員花時間與用戶接觸，並聽取他們對本公司和競爭對手經營狀況看法，已經非常普遍。讓各部門的經理人員在一種正式的商業環境下而不是社交性地和用戶進行接觸，這樣的加強聯繫是最好的計劃。

(3)密切關注競爭對手的動向。尚恩和派翠克將對競爭對手的監視分為越來越複雜的三類：追蹤記錄並用圖表描述、解釋原因和進行預測。

追蹤記錄競爭對手的動向並用圖表將其描述出來，這種做法非常普遍。例如，這常常是市場行銷部經理草擬的季度或年度報告的部分內容。甚至連一些主要反映規模、範圍、生產線改進和增加收益等方面描述性的基本資料如果能加以巧妙總結，也能反映出市場的趨勢與格局。

解釋原因指的是經理人員對所出現的情況進行認真思考，並解釋出現這種狀況的原因。各公司往往是在未能爭得一筆大生意時，或者一個吸引人的新產品或生產工藝革新出現時，才會進行第二類的分析。它們不會只對競爭對手目前在做些什麼進行分析，而是會進一步擴大分析的範圍。

二、為創造「顧客價值」奠定基礎

如果對市場沒有正確的認識，企業是不可能被市場認同。但是僅僅認識市場是不夠的。因此，重要的是要根據市場改變經營策略。霍頓學院行銷學教授喬治列舉了以市場為導向的四個「相互交叉」的方式，評估、認識市場和顧客的聯繫、策略性的思維過程以及機構與系統的相互結合。所有的這些綜合起來為創造「顧客價值」奠定了基礎。

管理層的評估制度對創造最高「顧客價值」的其他三個方面的能力有很大的影響。市場的評估系統的特徵是靈活、風險承受力強、富有創新精神和採用企業以外的參考標準。一項對四百多家英國企業的調查結果表示，建立了上述評估系統的公司往往有較強的競爭能力，因為它們一切行動的動機是創造顧客價值。瞭解市場的活動是借重這種評估系統帶來競爭優勢的最重要的方法之一。

一家被市場認同的公司策略性思維過程的顯著特徵是，著眼於公司以外，透過與客戶的接觸進一步對市場形成準確的認識，極渴望在競爭中擊敗對手。總經理發揮積極作用並讓許多顧客參與公司的事務。此外，這個過程不應一年只進行一次，而應是經常性的。

抱懷疑態度的人聲稱，被市場認同不過意味著顧客以較低的代價獲得更多的東西，但實際情況遠比這要複雜得多。企業如想被市場認同，就必須知道哪些客戶看重它的產品，哪些客戶不看重。對這家企業和其他客戶來說，不看重其產品的客戶是價值的破壞者。企業需要經常調整它的客戶群，將那些破壞者清除出列。

三、把握進入市場的時機

進入市場的時機對一種新產品的成敗是至關重要的。一個公司有兩種選擇，力爭首先進入一個新產品市場。讓競爭對手先進入市場，而後待該市場一旦證明可以發展就緊跟其後。這就引發了一個令人感興趣的策略性問題：領先一步開拓一個新產品市場和等待別人先嘗試，通常哪一種更佳？

「先期占領市場」的策略是基於這樣一種信念，從較大的市場面和優良的經銷管道、產品種類及產品品質來看，開拓者占有持續的優勢。

(1)開拓者比後來者更能吸引顧客和經銷商的注意。對許多新產品來說，顧客一開始拿不定產品的性能和特點及產品價值的作用。要瞭解顧客對各種性能的偏好以及對產品的期望，都需要時間。這使開拓者們能按照他們的特色來培養顧客，為顧客評估。

後來者製造的產品的參考標準。創新性產品能成為整個同類產品中的原型或「原創」產品

創新性產品在市場出現時是比較新奇的，因此比後來者更能吸引顧客和經銷商的注意。而且，創新性產品的宣傳不會受到競爭者的干擾。甚至從長遠來看，後來者必須花費更多的廣告費，才能達到與開拓者同樣的效果。

開拓者能夠給經銷制定標準，占據最佳的位置或挑選最佳的經銷商，這樣就能更容易地接近顧客。新的產品有第一個成為信賴的品牌的機會。後來者必須說服消費者承擔轉換到一個未曾嘗試過、品質仍為未知數的品牌的費用和風險。

在不少工業市場上，經銷商不願承接第二或第三期出現的商品，特別是在產品技術比較複雜，又要求庫存大量產品和配件的情況下。眾多高科技產品對顧客的價值不僅取決於產品的性能，而且取決於使用者的總數。例如，視訊電話的價值就依賴於相同或者相容系統的用戶數量。開拓者顯然有機會在競爭者進入之前，打下基礎。這就降低了後來者引入不同產品的能力。

(2)享有較高的市場占有率。首先進入市場意味著開拓者能夠先於其他任何競爭者

確定生產量，並累積研究開發及市場經驗。這一潛在的成本優勢能被用於獲取更大的價差或透過降價以阻止競爭者進入市場的方法來鞏固顧客的優勢。當對資源需求尚低，因而價格較低時，開拓者有機會獲取這些資源。在某些情況下，他們有可能壟斷一種重要的生產要素。但是，如果資源緊缺，價格上漲，那麼對尋找其他原料或替代品的刺激也會增加。進入市場之初，哪種資源會變得至關重要通常難以確定。一種緊缺的資源同樣能為所有者提供從開拓者手裡獲利的機會。

(3)在不同的時期，開拓者和後來者的獲利情況有別。通常開拓者享有較高的市場占有率，而後者則享有相對較低的成本。這就提出了這樣一個問題：兩種優勢究竟哪個更強？抑或兩者難分上下？

回答這一問題的一種方法是，檢驗開拓的長期營利效應（例如，淨收入或者投資報酬率）。倘若市場占有率的優勢更大些，開拓者應該獲利更多。倘若成本優勢更大些，則後者獲利更多。

馬克斯・克里森對資料庫進行了研究，以確定究竟哪個獲利多，發現通常後來者要比開拓者獲利更多。開拓者在商業市場上的不利條件要比在消費者市場上少。但是，在進入市場後的前幾年，通常開拓者獲利更多，尤其是在消費者市場上。這種優勢隨著時間的推移漸漸淡化，隨後轉變為一種劣勢。

考慮開發新市場的公司，應該對優勢與劣勢的潛在來源仔細評估之後再做出決定。對一種基於開發的、可持續的長期優勢的期望應保持適度。市場占有率優勢通常更容易獲得，但這是以經營效率為代價的。開發者應該在經營上保持靈活，而且毫不猶豫地向後來者學習。

⑷有效卡位，後來者也可居上。市場領先者在廣告和促銷方面能夠得到更好的回報，並可以將產品價格定得比後來者高。在一些情況下，如消費者對新產品的性能不能確定或改變習慣的因素，領先的企業還是占有優勢的。不過，市場後來者在樹立自己的品牌時能夠免費利用領先者為開發市場付出的努力。它們可以吸取領先者的經驗教訓，更加瞭解消費者對產品品質的要求。就那些有創新產品的企業而言，後進入市場的營利可能更大。

對很多企業來說，領先進入市場並不是好的選擇。某些企業總是想要設法打敗其他企業，成為市場領先者。那麼後進市場的企業怎樣超越領先者，或者更明確地說，如何與主宰市場的對手進行競爭呢？

後來者的策略取決於三個方面，人力、物力和財力。能否拿出創新產品？對市場競爭者的產品品質是否瞭解？

一個企業的力量是否雄厚，一般反映在它的財政地位和資產狀況上，其創新能力取決於它的研發水準。一個具有創新精神、各種力量都很強大的企業，能夠輕鬆地打敗品質不是很高但正在掌握市場的品牌。

如果市場後來者在資金和研發水準上都無法超過產品品質很高的競爭者時，該怎麼辦呢？首先，後來者必須對占有較低的市場份量有心理準備，其次，它必須集中精力開發適合它的局部市場。如果這樣做，它仍可能贏得豐厚利潤，甚至超過市場主宰者。

雖然市場領先者的優勢確實存在，而且看上去好像不可逾越，但這並不意味著後來者將失去所有營利的機會。只要採取合適的策略，市場後來者可以將不利條件變為有利條件，進而在市場上占有自己的一席之地。

一個典型的「有效卡位」策略就是小心緩慢地爬上別人占有的階梯，緊隨著它，與它和平共處，最後達到讓消費者認同的目的。想要在競爭中取勝，還必須找到突破方式。假如你沒有占到第一，又不甘居人之下，那麼就應該去顧客心裡找一個未被占有的位置。

電子辭典自一九八九年導入台灣市場，二十多年來幾經行銷與規格變更，至今已形成了一個獨斷市場。三家領導品牌的公司產業集中度達到九成以上，其中，快譯通電子辭典的市場占有率更高達四十五％以上。快譯通在此行銷戰役中是如何取勝的呢？從其奉行的「老二哲學」或許可得些啟示。

在競爭激烈的電子辭典市場中，快譯通一直都秉行「老二哲學」。許多新技術即使早就已經開發出來，快譯通也不急於將之商品化投入生產，而寧願在市場上先觀望一陣。如果真的反應不錯，只要在已經研究開發出的技術基礎上，跟進推出，並且時機上也不會有太大的落差，反之，如果市場反應並不是太好，也可以趕快修正方向，換一條新路以謀發展。就是這樣進可攻、退可守的策略，使快譯通蘊積了自身競爭優勢。

快譯通的「老二哲學」，基本上是一種新進廠商追趕先進廠商的策略。

第一，藉助先進廠商的產品經驗。

第二，利用新科技創造新型改良產品。

第三，可以比先進廠商以更大的規模投入生產。

第四，節省消費者的認知時間。

不過，後進廠商在學習效果、經濟規模、廣告與銷售機會上則較可能形成劣勢。因此，後進者必須保持新技術研發能力、協調產品供應的能力、維持強有效的促銷方式與大量有創意的廣告能力，才能保證追趕速度快，方向正確，進而超越先進品牌。

四、找出能充分發揮自己特長的市場

我們可以給「以顧客為導向」下這樣一個定義，一個「量身訂做」的方式，即找一個能充分發揮自己特長的市場的方式。有不少公司是因為採取了這種策略而獲得成功的。他們大多數把顧客適當地分成了許多階層，然後針對他們的不同需要來提供合他們胃口的產品和服務。這種做法不但可以提高產品的附加價值，而且同時可以增加公司的利潤。

布魯明岱爾就是一個在這方面表現突出的例子。該公司的成功之處就在於它所開辦的時裝用品專賣店，其中每一個專賣店都為顧客提供某種特別的服務或是為迎合某種特別的顧客而專門設立。旁氏公司也是通過採取類似的策略而在化妝品市場上扶搖直上的。

《富比士》雜誌在形容該公司董事長拉爾夫・沃德的策略時說：「雖然他完全可以玩一百萬美元的大型促銷遊戲，但他卻偏偏要到小市場上去捉捕那些正在『打瞌睡』的競爭者。」例如，他在一九八七年推出的瑞夫燙髮劑和壟斷了四千萬美元市場的吉列公司推出的托尼燙髮劑一決高低。沃德自豪地說：「這個市場已經沉寂多年了，繼我們推出這種新產品以來，它已經成為每年可盈收一億美元的大市場了！」接著，他進一步把各產品部門獨立起來，以便加速產品的發展與更新，擴張其市場的活動範圍。這是消費業極其少見的一個策略。

公司是這場遊戲中的風光人物。董事長路易士·賴爾說：「我們公司不相信只靠下幾個賭注就能在市場上贏得利潤，我們以無數的小賭注致勝。這些小賭注就是在各種不同的特殊市場上不斷地推出新產品。」

位於維吉尼亞州裡的一家印刷公司有固定資產五千萬美元，是塑膠製品的領導者，它具有大小適中的市場，能生產出的多種產品。決定加入這個市場後便全力以赴，工程師和技術人員組成了一支強大的隊伍，浩浩蕩蕩地跨出總公司的大門，到各處去尋訪，深入瞭解顧客存在的問題和需求。過後，他們便邀請這些客戶的主管到總公司的各部門，講述如何才能為他們提供最佳服務。尤其吸引人的地方不僅在於它對顧客的熱情，而且還在於它處理問題的靈活性。

產品各個產區的銷售和服務小組都能很好地把握時機，各部門之間沒有勾心鬥角現象，沒有任何的耽擱。一旦這一靈活管理的祕訣進一步貫徹下去，它就能占領任何市場，不管這市場有多大！

公司、惠普公司、Digital公司和其他許多優秀公司，有意識地把對產品品質和服務的要求提到更高的標準。根據市場的變化，它們會推出經濟套裝的產品，在眾多優秀公司之中，它們表現得極其出色。尋找合適的市場並不完全能帶來相當可觀的收入，但它的確是有成效的。

利用這種策略來接近顧客的公司，通常具有以下五個基本特點：

(1)善於運用工業技術。麻省理工學院一位專門研究技術發展過程的學者，曾經有力地闡述道：「把新工業技術運用在一個特別的市場上，是一個成本高昂的明智做法！」這就是許多公司（如Digital公司和ＩＢＭ公司）的求生之道。Digital公司把注意力主要放在學術界和政府研究機構的客戶上。在發展新技術以滿足大客戶需要的時候，它們會開發出更新的產品，供一般客戶使用。

這些公司很擅長先在市場上發展新技術，等客戶使用後，對產品指出優劣，再把經過技術改良的產品推銷給其他顧客。

(2)具有精明的定價技巧。優秀的公司非常擅長依據產品的價值來定價。它們將新產品率先打入市場，以高價定位，待其他的競爭者蜂擁而至時它們立即有備而退。正如一位主管所說的：「我們的目標是，先把新產品打入市場，使其在市場上穩定定位，一旦擊中目標，我們至少要占有市場三、四年。在這過程中，我們根據產品為顧客所提供的實際價值來定價。

我們將提供節省人力的新型工具，並希望能從客戶那裡獲其所值。當然，我們會盡力保住市場，如果其他的競爭者把廉價的同類產品推上市場，我們不會與它們拼得你死我活，而是欣然地退出市場。因為到那個時候，我們已開發出了更新的產品，並開始向其他的市場進攻了。」

(3)對市場的分析準確。大衛・帕卡德提醒各部門經理的時候，談起了惠普公司早期在計算器市場上失敗的原因。他說：「那時候我們認為自己的目標就是爭取市場占有率。我希望你們已經把這種看法糾正過來了。誰都能占有市場，要是壓低價格的話，你甚至能獲得整個市場。不過，我要說的是，這樣只會使你裹足不前！」

(4)徹底地瞭解客戶。多數銀行已經發現，那些腰纏萬貫的個人客戶也具有很大的開發潛力。但是，由於無法徹底地瞭解這些客戶，這些銀行至今仍然停留在研究爭取這些客戶的策略上。其中只有一家例外，該銀行的主管作了以下報告：「我們終於意識到，要接觸這些有錢的個人客戶，最好的辦法就是透過他們的會計師。

於是，我們全體出動，包括行裡的資深主管，親自到全美八大會計師事務所的辦公室進行說明。其中有七家事務所還是第一次感受深入辦公室的服務，而且我們是第一家派資深主管親自出動的銀行，這真可謂是創舉！一經實施，它就立即生效了，第二天就有新客戶上門，有的甚至當場就和我們成交了。

採取這種策略的公司，通常是抱著為顧客解決難題的心態來提供各種服務的。如，它把各個業務員都訓練成為解決問題的專家。公司也不例外。

(5)不惜花錢表現自己的特色。優秀公司是肯花錢來表現自己的特色的。著名的梅西百貨總經理愛德華・芬克斯坦說：「只要你肯花足夠的錢把店面裝飾得吸引人，你就一定能夠成功！」對芬克斯坦而言，就是慷慨地把大筆資金花在梅西公司分佈於紐約的所有專賣店上，好和布魯明岱爾一別高低，結果它成功了。

第二節 實現以顧客爲中心的目標

一、不僅要考慮市場占有率，還要考慮顧客需求

聯合利華公司在上海首次推出名牌產品麗仕香皂時，其價格一下子比上海本地產的香皂貴〇．四～一倍，不過尚在上海消費者的消費上限之內。加上產品優良，市場宣傳手法得當，結果一舉擊敗了上海本地香皂和許多知名的香皂而站穩了地位。

然而，同樣知名的荷路雪公司卻在上海碰了壁。在荷路雪有限公司北京分公司的成功鼓舞下，一下子將原有各產品價格在北京和上海兩地同步提高二十％～二十五％，結果在上海市場上銷售急劇下滑，待公司醒悟過來倉促削價時，銷售良機早已喪失。

原來，這種漲價沒有充分考慮上海市民的承受能力。

消費者紛紛抱怨說，一支荷路雪公司的霜淇淋價格相當於一斤豬肉價格，普通百

姓何以消費得起?而且公司的廣告宣傳也不合適。上海市民終日忙於工作和家務,加上交通擁擠,很少去街上散步、逛街,人們往往更喜歡透過電視和報章雜誌來獲取資訊。

在今天,仍有不少的公司對銷售有著錯誤的認識。有的公司過分強調市場占有率和市場銷售量,嚴重忽視市場總量對產品壽命的影響,導致了市場應收款劇增,貨物貶值的嚴重局面。

因此,企業要正確對待銷售問題,應注意以下幾個在面對銷售工作時存在的問題。

(1)不是好的銷售就足以確保產品暢銷。因為有的銷售策略可以使產品銷量增加,但是如果產品本身品質、性能太差,也不可能長期暢銷。

(2)增加市場占有率不一定就能增加公司的利潤。市場占有率是某一項產品在特定市場上銷售的比例情況。即使增加了市場占有率,而整個市場在縮減,利潤還是不會增加。

(3)銷售並不等於利潤。即使每天賣出一百萬個單項產品亦不一定賺錢,很可能是每賣出一項產品,便增加一點虧損。

(4)在開始推銷之前,一切都是空談。無論產品性能有多麼優異,銷售方法多完美,沒有上市推銷,也無法證明暢銷。

(5)不能認為只要能設計出一個舉世無雙的產品，就不愁顧客不上門。因為在今日的資訊社會，需要加上有效的銷售活動，否則，一般大眾無法瞭解你的產品有多棒，更不用想讓顧客主動上門購買了。

(6)廣告不是介紹產品的唯一方法。廣告宣傳只是一種傳統的做法，但不應忽視公共關係活動對大眾心理和消費市場的影響。

二、做顧客的最佳聽眾

著名的經濟學家克裡斯多福・弗里曼曾經仔細地分析研究了三十九件化學工業新發明，以及三十三件科學儀器的新產品。他採用了三百多種創新的方法，其中只有十五種被證實有效。他發現，對兩個工業而言，其最主要的成功因素竟然相同。其中第一個成功要素是「成功的公司更能瞭解客戶的需求」。

出色的公司往往更能傾聽用戶的意見。深入市場使其收益匪淺，這些公司的大部分新發現或靈感均來自於市場。

寶潔公司是美國第一家提供「消費者免費服務電話」的消費產品公司。它在一九七九年的年度報告中指出，該公司共接到過二十萬通直接打到免付費服務電話，其中包括顧客對產品提出的各種意見和抱怨。寶潔公司回復顧客的每一個電話，並把每個月的電話內容記錄下來，以便於提到會議上討論。該公司改良產品的構想，主要源於這個「消費者免費服務電話」。

寶潔公司和其他公司的這一做法得到了強有力的理論支援，這是出人意料的。希佩爾和詹姆斯．厄特巴克是麻省理工學院專門研究技術創新過程的兩名學者。

希佩爾仔細地研究了科學儀器工業創新的源泉，他得出如下結論：「被我歸類為『第一類產品』的十一種主要的新發明，全部來自於使用者的構想，在六十六種『主要產品改良』中，有八十五％的改良應歸功於使用者的構想，在八十三種『次要產品的改良』中，有八十五％的改良應歸功於使用者的構想。」

希佩爾同時指出，不僅革新的構想來源於顧客，而且大部分的構想如測試、定位、認同、使用等也都來源於顧客，而非製造廠商。其實也就是說，主要的使用者發明一種新工具，建立起一個原型的標準，然後先行使用，隨後，其他精明的使用者才開始跟上步伐。這時候，製造廠商按照這些基本的設計和操作原則來進行生產製造，同時使產品的可靠度進一步加強。

波音的主管們對該理論給予了指導性的支持。他們指出，如果新產品無法立即滿足顧客的需要或不是和顧客共同研製出的，他們就會馬上丟棄它。「但是，如果一開始我們就找不到願意與我們合作開發新產品的顧客，那麼這個構想註定是要失敗的！」

最優秀的公司往往喜歡被顧客牽著走。例如，李維牛仔褲並不是李維・斯特勞斯公司的內部成員發明的。在一八七三年，李維公司僅花了六十八美元的申請費，就從內華達州一位專門到李維公司購買丹寧布的商人手中取得了補丁牛仔褲的銷售權。

幾乎所有公司早期發明製造出的產品，包括該公司的第一台電腦在內，都是跟公司的主要客戶——人口調查局合作開發出來的。公司的自黏貼紙生意又是如何開始的呢？是該公司的銷售人員而非技術人員發明了這一隨手便可以黏於桌面的自黏貼紙，而在這之前，它只是一種用途狹窄的工業產品。

那麼Digital公司呢？一位專家分析：「該公司主要依賴顧客來開發迷你型電腦的多種用途，節省了大筆的研製開發及銷售成本。Digital公司的業務人員和工程師主動地向其他工程師推銷產品，進而維持與顧客之間的關係。」這位觀察家還表示：「由他們自己所引起的發展是如此的微不足道，這簡直出乎我的意料！多年以來，Digital公司始終被顧客提出的各種有趣的應用新構想所引導。」

王安電腦公司的故事也是大同小異，它也是以顧客的需求作為導向。此外，該公司還打算成立一個「聯合研究發展計劃」，和客戶共同從事電腦整合系統新用途的開發。

王安本人就曾經說過：「和顧客一起工作，便於我們針對顧客的需求提供更完善的服務。」一位布蘭得利公司的高級主管指出：「除非有客戶願意和我們合作一項試驗計劃，否則我們絕不試驗任何東西。」據這位主管透露，當初布蘭得利公司在資料控制及可程式設計式控制設計方面落後很多，但不久便在該公司幾位技術嫻熟的主要客戶的壓力下，如期完成。

那時波音公司、凱特皮勒公司和通用電器公司都正在製造它們自己的技術設備，顧客們直接了當地表明：「按照我們的需求改進設備，否則我們退出！」

另外還有一個成功的科技公司，其研究與開發部門的主管在過去的十二年當中，每年都要出外二個月，去過他們所謂的「暑假」。每年的七、八月，他們到各個客戶的所在地去旅行，實地調查顧客使用該公司產品的情況，並收集顧客對將來產品的需求和建議。

總而言之，優秀公司不僅在服務、產品品質、可靠性和產品發展策略上表現突出，同時更是顧客的最佳聽眾。他們之所以能在各方面表現得如此突出，主要在於他們能尊重顧客的要求和建議，能聆聽顧客的意見，並邀請顧客到公司來參觀。事實上，顧客和這些優秀公司之間確實是最佳的合作夥伴關係。

三、對顧客的要求做出迅速反應

也許以前你認為ＩＢＭ之所以了不起，是因為它擁有雄厚的財力和獨一無二的產品。而這裡要告訴你的，是ＩＢＭ的成功是因為它的獨一無二的銷售和服務方式，ＩＢＭ為留住每一位顧客，它對他們都竭盡全力，竭誠為他們服務，取得他們的信任，進而留住他們。

沒有什麼魔法或祕訣使顧客在設備安裝好、支票開出後仍然與ＩＢＭ保持良好的關係。ＩＢＭ總是在售後還與顧客交往，而且就像追求潛在顧客一樣熱情、專注和真誠。

ＩＢＭ的員工都瞭解，他們知道沒有顧客他們就會失業，他們知道，雖然他們的雄心或許沒有止境，但他們能夠爭取到的顧客是有限的。所以，在努力以誠心去感動新顧客的同時，他們更加努力的去維繫已經擁有的顧客。ＩＢＭ公司會不擇手段地去留住顧客，但最有效也是最有用的就是以誠待「客」，盡自己的全力為顧客服務，使他們信任它，支持它，進而留住他們。

這一成功的例子正是以誠致成的魅力所在。ＩＢＭ公司在剛起步時也犯過錯誤，他們對新顧客的首次訂貨就處理不當。帳單中常常出現錯誤，導致不合理的收費，延遲交貨以及對各種單據發票的管理混亂——這類的錯誤足以抵消推銷人員為爭取一位新客戶所做的一切努力，而他們，只要稍微留意一下，就可以完全避免的。

當然，錯誤是可以糾正的，ＩＢＭ的總裁後來意識到這種情況的嚴重性，致力進行了整頓，提出了「以顧客服務為本，真誠相待」的口號，教育廣大員工必須把顧客當作親人，誠心誠意地為他們服務。並且，明令如果誰冒犯了顧客，損害了公司的形象，將馬上被辭退。這一系列的措施的效果很明顯，顧客對ＩＢＭ的印象開始好轉，開始信任和支持它。

ＩＢＭ在它的發展中特別重視它的夥伴公司，它要讓每位顧客都知道它重視它的公司，不論其規模大小。有人曾對ＩＢＭ公司的總裁說：「如果我沒有把生意交給你，你也不用擔心，因為ＩＢＭ有數以千計的比我們公司還重要的客戶。」正是因為它重視別的公司，才贏得了眾多公司的支持與信任，它們都把自己看成是ＩＢＭ的親密合作夥伴。

ＩＢＭ的實力之一就是能為顧客就近提供服務。比較典型的是，銷售服務人員在同一幢樓內辦公，雙方經常交流對話——這一點必須強調。讓他們同心協力工作，互相尊重和理解對方的問題和專長，這很重要。這種緊密的關係使銷售代表們可以毫不猶豫地為IBM銷售服務，他們知道自己的許諾會兌現，而且他們對此也感激不盡。

另一方面，服務人員知道他們的成功與銷售人員開發的經營範圍緊密相聯。這種相互依賴的關係也可能造成兩組工作人員之間的緊張和摩擦，但是，它能夠更好地為顧客提供便捷的服務，何況，這種緊張和摩擦並沒有真正發生過。

在IBM中，所有人都有這樣一個信念，IBM就是為顧客服務的公司，服務是他們的最根本宗旨，每個人在實際工作中都以自己的誠心來感動顧客，以此來維護的IBM企業形象。在IBM公司，顧客報告的問題有八十五%的是立即在電話上解決，這使顧客減少了不少時間和損失，進而倍受他們的尊敬。

IBM享有「世界上最講求以服務為中心的公司」這一榮譽，不是由於一次成功的廣告宣傳或公關活動。這廣泛的聲譽是來自數十年不懈的努力工作，有時也來自一些服務人員的英雄作為。這兒有幾則傳奇式的事例，從中我們可以瞭解到IBM公司的員工是如何做好服務的。

一位在菲尼斯工作的服務人員駕車前往K鎮，他要送一個小零件，因為顧客需要用它來恢復一個失靈的資料機的存儲功能。然而，通常短暫而愉快的駕駛經歷卻變成了一場噩夢。傾盆大雨使鹽河變成了急流，通往K鎮的十六座橋只剩下兩座沒有關閉，因此造成交通堵塞，使平常只要二十五分鐘的路程變成四個小時。這位服務人員決定不能這樣失去整整一個下午的時間。他想起車廂裡有一雙直排輪，於是他駛離車道，穿上直排輪，滑過橋頭，為顧客送達小零件。

這樣的故事在IBM公司中比比皆是，幾乎可以寫滿一本書，這些無不展現了他們全心全意為顧客服務的責任心。

有一次由於各種原因，紐約市突然停電，證券交易所關閉、銀行、公司一片混亂。IBM紐約分部緊急動員，每一個人都賣力的工作，爭取把顧客的損失減少到最低程度。他們尋找、運輸並安裝各種急需零件和機器。

在這次二十五小時停電期間，戶外氣溫達攝氏三十五度左右，在空調和電梯都無法使用，也沒有照明的情況下，IBM工作人員為了維修顧客的設備，不辭辛苦的爬上一些高層建築，包括一百多層的世界貿易中心大樓。

這些事例都展現了IBM以服務顧客為重的原則。以真誠之心去感動顧客，進而使他們成為IBM的忠實用戶和支持者。竭盡全力為顧客的一個重要表現，就是對顧客的要求做出迅速反應。那麼，怎樣才能盡力做到這一點呢？

⑴當你感到自己的企業無法對顧客要求做出迅速反應時，就可以從細小的禮儀要求著手，改變顧客對你的企業的印象。面帶微笑，有辦事能力，對顧客要求反應敏捷，如：一小時內回覆顧客電話，二十四小時內對電子郵件、傳真或書信做出接收確認，要為顧客提供諮詢服務，保證顧客得到更新資訊。言而有信，絕不拖延，這些看似微小的方面，都會給顧客留下深刻的印象。

⑵你應當瞭解顧客需要什麼，依據顧客的意見調整經營方向。注意向顧客提出詢問，認真傾聽顧客的聲音，按顧客的想法辦事；一旦採納了顧客的意見，就要嚴守信用。你還應走到顧客中，將各種意見加以整理，以利於以後自己改進自己的服務品質。

⑶必要時，你可以改進你的組織了。擴大員工的決策權，提高對顧客做出反應的速度。設法減少決策層次，擴大下屬的自主權和責任。組成「客服部門」，和它的成員面談，闡明自己的目標，並共同制定各小組協調工作的基本準則，制定明確的時間表，並且要定好期望值。允許他們獨當一面，實現所需的期望值，允許他們進行創新。你要做的工作也包括檢驗工作成果，以決定對他們的獎賞。

當然，在改進你的組織前，你也可能會需要探討顧客是如何知道你的部門的反應的。顧客得到反應的途徑可能有詢價、訂購、帳目結轉、產品退貨、服務投訴等。聘請顧問人員測試這些途徑，會使你得到客觀的觀察結果。可以依靠合作單位或本企業的員工來幫助解決這些存在的問題。在掌握測試的基礎上，你就可以提出改進為顧客服務的建議了。

也許為了說明自己解決此類問題，你需要向最優秀者學習。最優秀者可能是提供優質服務而享有名氣的競爭者，也可以是企業中的其他部門。認真地研究、學習他們的長處，並運用到為顧客提供快速服務中。

為了保證對顧客要求做出快速反應，要向你的每個員工講明它的重要性，並讓每個員工看到自己在這方面的重要作用。在講解時，務必要使用通俗易懂的話，不要說一些冷僻的術語——哪怕它很時髦也不要說。

當顧客的需求得到滿足時，你的企業又會在強大的競爭中前進了一大步。

四、充分與顧客接觸，向他們展示一切

老闆和經理人員都應該尋找機會與顧客接觸，瞭解他們的需求，徵求他們對公司產品與服務的意見。

不僅是自己，經理人也應該鼓勵員工經常與顧客接觸，在今天，員工、顧客、公司的三角關係變得越來越重要。在過去那種注重等級制度的公司裡，有些老闆、有些經理可能沒有跟顧客有任何接觸，大多數員工也是如此，只有那些工作在第一線的員工才真正瞭解顧客的需求。如今，那個時代已經過去了，每個公司，每位員工都擁有自己的客戶，而且對他們瞭解得越來越深。

經理人員應當注意尋找機會與顧客見面，並讓員工深知，顧客對公司是重要的。在與顧客的聯繫過程中，不管討論什麼問題，如顧客的需求、公司的產品與服務，都能促進公司的發展。在與顧客接觸時，要注意與顧客的交流方式。

有以下幾種方式可供選擇，安排與顧客會見，進行一次非正式談話，順便拜訪會見顧客。舉行正式會議，討論顧客服務問題。電話聯繫，調查，實施研究規劃，邀請顧客參與公司活動。書面通知顧客，讓顧客參與活動，向上司介紹你的顧客。這些方式如果運用恰當，會增進你與顧客的關係，更能瞭解顧客。

不要向顧客提供一種光說不練的服務。但大多數的經理老闆卻樂此不疲。經理應當真正意識到顧客的重要性，抓住每一個機會與顧客交流，從顧客那裡得到更多的資訊和幫助。你還要審視一下自己對顧客的態度是否充滿了肯定。

如果你和員工並不真心的對待顧客，只是機械式地會見顧客，這將毫無意義。對顧客冷漠無情，欺騙顧客，不履行自己對顧客的承諾，最終受損害的將是你的公司。真正將顧客作為工作重心的老闆，與顧客的每次接觸都是他的一種興奮之源。

這種激情延伸到他的工作中，並在他們的工作方法中得到體驗。他會讓顧客滿意，竭誠為顧客服務，讓顧客感到自身價值的重要性。他不僅透過員工提供的顧客分析報告或者傾聽員工陳述顧客服務的情況來管理自己的業務，為了解決有關顧客服務的問題，他還會努力獲取第一手的資訊。他會將員工的報告和與顧客的交流結合起來，以便瞭解顧客。

生意是人與人之間的一種交往。與人打交道時是在一種相互信任的基礎上進行，假定顧客的利益與你一致，或者與你對立。在後一種觀念的指引下，又產生了一種錯誤的認識，即做生意就是以銷售商品為中心，讓顧客與供應商之間進行一種反向競爭，經過周旋與討價還價，盡力從中獲得最高價差。這種思想必然導致銷售商向顧客掩蓋一些事情。但是，隱瞞得越多，失去的生意就越多。因為他們會更加懷疑你，對你失去信任。經理人應該具有明確的偏好，就是相信夥伴關係，相信任何事情都可以在相互信任的基礎上進行。

經理應當對顧客完全坦率誠實，可以將進貨的價格表給顧客看，不必遮遮掩掩。在真實的基礎上交流，可以將顧客介紹給你的員工，鼓勵員工說出他們想說的一切，整個生意過程之中沒有虛偽，沒有限制，沒有約束。而那些擔心露出事實真相的人決不會將一切展示給顧客的，他們害怕顧客會發現自己玩弄的遊戲，發現自己虛假的價格，作假的品質。

表面功夫是不會造就信任感的。表面現象之下掩蓋的東西才是你在顧客心目中獲得更高聲譽的重要因素。在促銷措施和宣傳手冊中，不應有任何不實之處，以便讓他們親身體驗你的真實誠懇。讓你的產品和服務來替你說話，保證自己出售的產品的品質能夠滿足顧客的需求。保證如果產品出了問題，可以得到可靠的售後服務。讓購買產品的過程變成購買信心和信任的過程。

自豪感會推動你向顧客展示一切。那些製造產品、提供某種服務的人喜歡看到他人接受並使用自己的產品和服務。當你帶顧客參觀展示時，如果表現出足夠的自信，就會產生一種興奮的自豪感。

當你面對一個十分重要的顧客，而且也許因此改變你的將來時，你必須更加重視，提高服務標準，讓地板和牆壁乾淨如新，接待室掛上鮮花，充滿生機。當所有重要的顧客集中參觀時，甚至可以考慮將工廠重整一下，因為這將是你商業生涯中的一次重要的機遇。但是，也不要讓日常接待占據了你整個的工作安排。

可以採取一種平衡與控制的辦法，鼓勵顧客來訪，讓自己的員工回訪，讓員工分擔接待顧客的責任。根據重要程度，選擇採取何種接待方式，正式的或非正式的都可以採取。

五、用誠信增加對顧客情感尊重

日本企業之所以能夠稱雄世界，這與他們努力爭取「信譽」有著極為重要的關係。日本東京奧達克百貨公司一天下午接待了一位來自美國的顧客，買走了一台新力牌音響。爾後，銷售員發現賣出的音響忘記裝入內部配件的零件，於是立即尋找這位美國顧客。

根據售貨單上的簽名，職員們打了三十二通電話，最後向客人的工作單位進行長途電話聯繫，問明其在東京探親的地址。次日，公司副總經理帶著工作失誤的銷售員和一台新的音響找上門去換貨、道歉，並向他贈送一盒蛋糕和一張著名唱片，反覆要求這位顧客寬恕。這種誠實負責的「求信求譽」之法，值得經商者借鑑。

日本大企業家小池說過：「做生意成功的第一要訣就是誠實。誠實就像樹木的根，如果沒有根，樹木就別想有生命了。」這段話也可以說概括了小池成功的經驗。

小池出身貧寒，二十歲時就替一家機器公司當推銷員。有一個時期，他推銷機器非常順利，半個月內就跟三十三位顧客做成生意了。之後，他發現他們賣的機器比別的公司出品的同樣性能的機器昂貴。他想和他訂貨的客戶如果知道了，一定會對他的信用產生懷疑。於是大感不安的小池立即帶著合約書和訂金，整整花了三天的時間，逐家逐戶去找客戶。然後老老實實給他們說明，他所賣的機器比別家的機器昂貴，為此請他們終止契約。

這種誠實的做法使每個訂戶都深受感動。結果，三十三人中沒有一個跟小池解約，反而加深了對小池的信賴和敬佩。

誠實真是具有驚人的魔力，它像強力的磁鐵一般具有無比強大的吸引力。其後，人們就像小鐵片被磁鐵吸引著，紛紛前來他的店購買東西或向他訂購機器。

顯然，誠信在各行各業都至關重要，應該成為每一個公司及每一位員工的靈魂與核心。就顧客服務而言，當公司所推崇的尊重落到具體的顧客身上，顧客切身感受到尊重時，公司的誠信就表現出來了。公司及其員工應做到言行完全一致，並且其言行要與顧客感受到的完全一致。

也就是說，誠信即言行一致。言必行，行必果。顧客們喜歡遵守諾言的服務人員，那些服務人員承諾回電話就一定會回。他們送貨及時，堅持追蹤服務，解決問題，決不遺漏。顧客不喜歡那種掃興的感覺，明明被承諾了優質服務，卻只能排隊久久等候。

以下是向顧客展示你尊重他們的幾種方法：

☑考慮合作夥伴的利益

你若將你自己或公司的利益置於顧客利益之上，你就很容易被指責為操縱別人、剝削別人、自私自利。如果你為了追求個人的利益而不惜犧牲他人利益，那麼，你正在消蝕你自己的商業靈魂。許多傳統的商業關係是敵對性的，一方竭盡全力實現自己的利益，而不惜犧牲另一方的利益。在這種情況下，談判的目的是運用策略戰勝對手，達成最有利的交易，而不管對方會遭受何種損失。

許多成功的公司則與顧客進行合作，在很大程度上表現為合作夥伴關係。「雙贏」是當今的流行法則，而要實現「雙贏」，必須雙方一同努力實現共同的目標。比如說，瑞典公司森迪威克就是最先與顧客依據合作夥伴關係建立密切聯繫的公司之一。設立在英國的運輸公司萊茵集團也形成了相似的關係，雙方對所有工作目標達成一致意見，帳目一目瞭然，利潤比也一清二楚。

這種合作協定的最終結果是大大增進了相互信任和信賴，更有利於增進關係。相反地，如果堅持對抗性關係，相互之間就會刻意保守祕密，產生高度的不信任。

顧客對於剝削他們的公司，以及他們察覺到多收他們的錢、對他們進行誤導或忽視他們利益的公司會進行反抗。這樣企業的商業靈魂不復存在，誠信受到侵蝕。

以下是顧客服務缺乏誠信的幾種情形：誤導顧客、誇大事實、故意忽略有用資訊、推銷高價物（本來十美元的商品已經合適，卻推銷二十美元的商品）、對顧客不真誠、操縱顧客，利用顧客缺乏知識或缺乏常識，故意使顧客感到困惑，危言聳聽或製造不必要的恐慌，做出承諾卻不履行。

☑情感尊重

必須指出，誠實相待與留點面子往往要穿插進行。如果對顧客絕對誠實將意味著傷害顧客的自尊和尊嚴，那麼最好不要絕對誠實。你總不能跟一個大胖子說不論他穿什麼衣服都難看吧。

最為理想的是，你對你的顧客所說的話全是真誠的。但有時你也需要學學外交策略，控制住你的情感。

解決說出真相與不惹怒顧客之間矛盾的最好辦法是，將你的注意力集中到你肯定的一面，避開你排斥的一面。努力想出你接待的顧客身上有你所肯定的特性。簡而言之，找出你對於顧客真正喜歡的一面，從你的意識中剔除你覺得惹人生氣或反感的一面。

公司如果以尊重顧客為重，要達到誠信的最高境界，還必須以感情與情感為重。正是你向顧客展示的情緒與感情才使他們相信真正受到尊重，並認為公司是值得信任的。單有言語還不能達到這一目標，沒有感情的語言在你與顧客的關係中所起作用不大。

這也就是對投訴及顧客諮詢做出制式的回答成效甚微的原因。那些回答幾乎沒有表達出情感尊重。事實上，制式的回答降低了對顧客的尊重程度。這些回答等於是間接地表白：「你沒什麼特別的，你只不過是第三十一個來投訴的人罷了。」

表現出誠信以及使你的顧客真正相信你尊重他們的最好方法是，向他們做出承諾，並履行你的承諾。你做出的承諾應有策略性，同時在日常生活中又具有可操作性，這樣的承諾越多越好。

如果公司不向顧客做出承諾，就無法產生信任氣氛，也就無法展示出更多的情感尊重，這樣，誠信根本無法顯示出來。

☑做出尊重顧客的聲明

如果顧客無法透過電話與公司聯繫上，這樣無形之中就發出了一份價值聲明。公司實際在說：「我們的時間比你的寶貴，所以你可以等待。」同樣，對於那些不得不排隊等待服務的人也是如此。讓顧客等待服務即是不尊重他們的時間。

成功的公司可以與顧客形成一條感情的輸送帶，並透過這一輸送帶傳遞他們尊重顧客的資訊。這將使顧客感覺滿意。

☑告訴人們真相

摩托羅拉的創始人高爾文就曾以他令人尊敬的推銷方法，告訴人們真相，進而獲得成功。他曾說：「告訴他們真相，第一是因為這樣做是正確的，第二是不管怎樣弄虛作假，他們都會發現的。如果他們一時沒有從我們這裡發現，可最終我們還是要吃苦頭的。」

高爾文的摩托羅拉公司最初以經營汽車收音機而起家，雖然幾經失敗，但最終還是取得了成功。但是當汽車收音機開始被大眾所接受，流行風靡之時，一些零售商卻千方百計，挖空心思獨創銷售方法，想以此來圓他們的發財夢。他們在汽車收音機的銷售上，玩弄各種欺騙手法。

一個芝加哥商人向買主提供一台免費收音機，條件是，買主必須推薦十個買主，而且必須按照這位商人的定價購買。

高爾文對這些伎倆非常厭惡，並積極地以各種方式進行堅決的反對。他自己開創出一套令人尊敬的銷售方法，以誠待人，進而贏得了顧客們的信賴，取得了巨大的成功。其中最有成果的是發展與固特異公司的關係，透過它的數百個分支機構和商店，為信實可靠的摩托羅拉顧客提供可靠的安裝技術。

對年輕的公司來說，這是一種「紮根」的關係。以互相尊重為基礎，發展了高爾文與這家公司的經理們的關係，而這些經理人員是高爾文在他的經營過程中所遇到的、他認為最有才能的一些人。他的這一令人尊敬的銷售方法不僅發展了與固特異公司的友好關係，也使自己的公司在公眾中的形象得到確立，為以後摩托羅拉的發展打下了堅實基礎。

高爾文的這一種以誠推銷無疑是成功的，隨著歲月的流逝，這種互補的銷售方式——摩托羅拉透過固特異公司的經銷商提供服務——是摩托羅拉產品之所以風靡世界的原因之一。

歐文是摩托羅拉的廣告行銷者，他曾說過：「我們在摩托羅拉所做的是沒有先例的事。它是艱難的工作，但效益不錯。我們做過的一切看來和聽起來都很合適。我們也犯過錯誤，但在我們發現時，我們就糾正它，並力圖不重複同樣的錯誤。我們對顧客更是尊敬有加，當我發現犯的錯誤使顧客遭受損失的時候，我們會毫不猶豫地給予全額甚至加倍補償。因為我們需要他們的信任。」

摩托羅拉是成功的。但從一次經銷商會議上，一位老練的經銷商的談話我們可以看出他們是怎樣獲得成功的。這位商人走到歐文跟前，對他說：「我看到大吹大擂的事情真是太多了，但在這裡我第一次看到沒有人試圖愚弄我。我不知道這是否是因為你們這些人太笨了，以至不知道怎樣說謊，要不就是你們的頭腦太簡單了。可是無論如何，我回去後還會讓我的人員賣你們生產的這些鬼東西。」

顯然，並不是他們愚笨。在摸索前進的競爭年代裡，如果沒有真正的精明，他們是不會倖存下來的。

而高爾文堅決維護規範，要求他們公正對待經銷商，將公司的狀況及產品老老實實告訴他們，取得他們的信任與支持。這是高爾文的高招與妙招，在眾人都紛紛爾虞我詐的時候，高爾文卻反其道而行，開誠佈公，把自己的底線交給經銷商和顧客，以誠信進行銷售，進而取得顧客和經銷商的信任與支援，事業才得以成功。

六、實現以顧客為中心的目標

顧客至上是市場經濟的要求，沒有哪位顧客僅僅為了取悅店主而去他的商店。但是仍有很多商家無法做到以顧客為中心，這些商家或許應該仔細檢討自己的行為，看看是否與以顧客為中心的目標相違背。

現代經營者應該學會實現以顧客為中心的目標。怎樣去做？方式有很多，可以向你的員工詢問。那些直接與顧客打交道的人最懂得如何為顧客服務，他們善於傾聽顧客的心聲，瞭解顧客的要求。你也可以從書本中尋找答案。經營管理類的報章雜誌，有關成功企業的書籍，還有網路也可以幫助你，讓你學會如何與顧客建立聯繫。

另外，向成功的公司學習也是一個良策。出席同業會議，參與同業活動也會有很大的幫助。最為直接的做法是接觸顧客，在清楚了誰是自己的顧客後，親自上門拜訪，和他們談談話，傾聽他們的心聲。不僅你自己要去瞭解顧客，而且還應教會你的每一個員工去瞭解顧客。

為了幫助實現以顧客為中心的宗旨。可以做以下努力：

(1)讓顧客參與制定決策，從顧客的角度出發，制定各項經營策略、生產、服務計劃。當顧客無法證實你的經營方向正確時，就應當重新審視計劃，讓顧客提出建議。

(2)成立客服部門，這只是指一種持久的與顧客的聯繫，並非一個正式的組織。讓每位員工都能有機會知道顧客的要求和意見，掌握服務顧客的知識。

(3)瞭解顧客最關心什麼，可以專門以此為主題舉辦一個活動，以發現顧客想要的與自己提供給顧客的東西之間有何差距，進而設計出符合顧客要求的經營計劃。

(4)打破一些傳統制度，以利於為顧客服務，根據對顧客的瞭解，建立最能符合顧客要求的制度。當然對不同的顧客也要用不同的方式對待，因為不同顧客的需求也是不同的。

為了實現以顧客為中心，應當認真地研究一下自己的行銷能力和信譽。封閉式經營和談判技巧已不見得有利於企業的發展。在與顧客的交往中要建立一種信任的環境，做到互信互利，關心顧客的需求。要審視在為顧客服務方面是否做到了言而有信，言行一致。要讓全體員工一起來觀察現實中出現了問題顧客是如何反應的，這樣就容易發現以顧客為中心的目標是否在你的行動和服務上得到了實踐。

讓每個人時時刻刻牢記在為此目標努力。每天都要問：「今天我為顧客做了什麼？」加強每個員工對建立與顧客良好關係的信心，以實現顧客至上的原則。

(5)把銷售產品和服務社會結合起來，如果在銷售產品時，告訴顧客有關商品的各種知識和商品的製作方式，讓顧客更瞭解你的產品及公司，這樣對企業的成功運營有很大的幫助。

把銷售產品和服務社會結合起來，就會把人們的注意力吸引到你的業務上，最終也會招徠更多的顧客。你的業績也會蒸蒸日上。

有一家銷售微波爐的企業，他們在銷售微波爐的同時，也在報刊雜誌上刊登大量微波爐烹飪的食譜及技巧，舉辦一些免費的微波爐烹飪廚藝班等。產品因此而暢銷全國。例如，如果你的工作是烹調、建築、寫作、針織、縫紉、攝影、繪畫，而且你自己又是這方面的專家，自然就有條件去從事教學工作了，而且你會做得很出色，因為你是專家。

為了讓你的教學工作做得更好，你必須掌握教學技巧，使授課內容通俗易懂，並且閱讀一些如何進行成人教育課程的文章和書籍。

當然，你也要進行宣傳。可以登廣告，運用媒體讓顧客一傳十、十傳百的進行宣傳，達到家喻戶曉的效果。如此一來，你就可以發現，雖然等待的時間不長，已有大批的人等待上相關課程，因此業務進展就會很順暢。

七、做好銷售和售後服務

無條件服務——不管怎麼樣，滿足使用者的需要，維持與使用者的良好關係，是一項永無止境的工作。美國的汽車銷售公司恪守的信條是，無論顧客提出什麼要求，回答永遠是「Yes」。他們甚至於不介意半夜起來去幫助半路拋錨的汽車司機擺脫困境。日本豐田公司所製造的豪華型轎車，一次，因為發現方向燈固定座有一點小毛病，雖然客戶沒有要求，維修人員還是到每一位車主家中把車開走，等維修好之後再把車還給主人，因而在顧客中建立了良好的信譽。

全面服務——國際商用機器公司不僅提供一流的產品，更注重提供一流的服務。他們之所以能夠在電腦業保持領先地位得益於他們很早便意識到服務在行銷中的重要，他們努力做到向顧客提供一整套電腦服務體系，包括硬體、軟體、安裝、測試、教導使用方法以及維修技術等一系列附加服務，使得使用者一次購買便可以滿足全部要求。

額外好處——日本資生堂公司為了打開美國市場，推出了一系列適合美國婦女習慣、包裝精美、使用方便、氣味高雅的產品，同時以服務品質取勝。他們不僅待客親切有禮、服務周到，而且還免費提供臉部按摩，甚至在顧客生日時記得打電話祝福顧客。美國飲料業的可口可樂、百事可樂，牙膏業的高露潔、可萊斯特等廠商均設法推出形式不一的優惠券，結果培養了消費者的「品牌忠誠」。

組織措施——一方面，企業本身要建立起內部的專門機構，例如通用電器公司在麻省匹茲費爾德設有「客戶服務中心」，每週召開「客戶市場反應」會議，當場制定出實施方案。另一方面就是建立完整銷售網，例如佐丹奴公司總部透過電腦系統隨時可以瞭解各門市的營業情況，包括每一款式、每一尺碼的成衣銷售和庫存情況。寶潔公司派出十二人到美國零售商馬特公司的總部，與對方共同討論設計銷售方案。

真誠相待——商品價格對買賣雙方來說是最敏感的因素，經營正派的商店採取真誠的態度。義大利蒙瑪公司規定新裝上市以定價賣出，然後以三天為一輪，每隔一輪降價十%，到了一個月也就是第十輪後，時裝價格已經降到最初價格的三十五%左右，即成本價，所以往往是銷售一空。

重義輕利——商店不能見利忘義，只管賺錢而做沒良心的事情。而這種注重道義的做法，反過來常常為公司贏得了極好的信譽和利潤。

超值服務——對顧客提供額外的好處，是商店非價格競爭的拿手好戲，各式各樣的形式令人目不暇接，例如退款、送貨上門、免費食品等。

第三節

贏得顧客的忠誠

一、營造良好交易環境，不以價格因素培養忠誠客戶

在競爭非常激烈的市場中，大多數商家都會告訴你，客戶唯一關心的就是價格。他們會說：「我們畢竟是在出售商品，對不對？」事實上，在當今社會的商界中，每一個因素都非常關鍵，甚至人們都不大喜歡用「商品」這個詞。例如，麥當勞就早已有效地使消費者不再注重產品的價格。除了「超值組合餐」，麥當勞很少在廣告中提及價格。

確實，麥當勞從許多年前就已經以其物美價廉而信譽卓著。但是現在，一個家庭可以在任何一家休閒餐廳裡進餐，而且所花費用也與在麥當勞的花費相差不多。這些速食餐廳多年以來已經使我們堅信，它們的價格確實低廉。現在，大多數的

客戶根本就不知道一個漢堡或是一塊炸雞定價是多少錢。直到「超值組合餐」出現之後，人們才再次注意到餐點的價格。

從整體上說，隨著服務品質不斷提高，價格在銷售中的重要性就會相對的降低。因此，你的服務信譽度越高，客戶就越不會去注意產品的價格因素。例如諾德斯百貨公司，它就是把銷售的重點設定在完善客戶服務方面，並取得了成功。

比如說，一位男客戶為了參加一個結婚典禮，來到諾德斯購買一套深藍色禮服。由於他是獨自出來購物，所以自己心裡沒有什麼把握。這時，一位銷售人員過來花了幾分鐘時間，耐心詢問他買衣服的原因，於是客戶的心情立刻放鬆了。

這位售貨員並沒有從一開始就向客戶介紹貨架上的服裝特色，而是先向他詢問各種問題，比如購買服裝的原因、他所挑選的顏色及選擇的理由、他是不是伴郎、以及他是否打算經常穿著這套服裝……等等。

與做成一筆生意相比，這位銷售人員更注重對客戶購物心理的瞭解。那麼這樣做有什麼意義呢？這樣做有助於為客戶提供一次高品質的購物經驗，使客戶享受到更完善的購物服務。正如弗萊德在《客戶聯盟》一書中所述：「作為銷售人員，你的目標應該是使客戶的購物過程更加圓滿，使購買產品和服務的過程變得更加愉快。事實上，客戶是不會關心你的問題的——他們只關心他們自身的需要是否得到了重視。」

⑴激發強烈的購物衝動。如果你能夠真正激發起客戶的購買衝動，那麼你所賣出的就不僅僅是某種產品或服務，而是真正的購物經驗了。這就要求銷售人員採取新型的交流方式，充分強調產品所具備的優越性，使客戶產生更強烈的購買願望。即使你銷售的是一套消防系統，你也可以適時地講述一些它曾如何拯救生命財產的軼事與實例，進而使這一產品更具吸引力。購物衝動並不總是積極的，但是它能使客戶把購買的意願付諸行動。

⑵打破買方與賣方的界限。無論你銷售的是何種產品與服務，你真正打算出售的實際上是一種理念，而並不是產品與服務本身。在出售「理念」的過程中，你就會從一名銷售人員變成了一位教師。而與售貨員相比，人們對傾聽教師的話更有興趣。

例如，在為爭取客戶而進行公司介紹時，千萬不能一開始就迫不及待地推銷自己的公司。而是應當首先闡述市場狀況及需求。在此期間，可以向潛在的客戶進行灌輸和教育，同時建議他們在確定一家公司之前應當進行廣泛的挑選。就這樣，把你自己的目的暫時擱置在一邊，既顯得光明磊落，又打破了買方與賣方之間的界限。

⑶培養真正的互動。你應該盡力去瞭解不同客戶的不同性格與購物心理，以便針

對性地提供合適的客戶服務以迎合客戶的購物需求。與客戶深入討論一下產品的用途和購買產品的原因，你就能與他們實現真正的交流。這樣一來，你就不再是銷售人員的身分，而是真正與客戶建立起了一種平等的朋友關係。

(4)推銷服務，然後推銷產品。你若能首先展現出服務的態度，那麼接下來的產品銷售就會容易得多。如果你正在銷售汽車，那麼應當首先向客戶介紹交車、車輛修理與保修條件等等服務專案，然後再討論汽車的性能。在通常情況下，客戶事先並不明確具體購買哪一款產品。客戶來購物，實際上是打算先收集一些相關資訊，然後根據這些資訊在不同的品牌與不同的代理商之間進行比較。如果能在交談開始就令客戶對服務感到滿意，那麼做成交易就是順理成章的事了。

(5)使顧客參與購買決策。應當詢問並瞭解客戶的打算和需要。你必須要做到使交易的結果比顧客預想的更加圓滿，使顧客對交易感到非常滿意，進而獲得顧客的好感，使他們樂於經常惠顧你。

(6)滿足顧客的慾望。慾望常常會壓倒理智，由於這種購買慾望來源於感情而不是理性，所以，客戶渴望購買的東西並不一定是他們真正想要或需要的。你需要在合乎情理的範圍內滿足客戶的慾望——而且你有責任努力在慾望、需要和服務三個層次上都能使客戶感到滿意。

(7)與客戶建立親密的朋友關係。要想成為客戶的朋友，你所要做的無非就是傾聽、回應、認可並尊重他。從你安排送貨時開始，你們就成為朋友了。客戶知道你做生意是為了賺錢，但是他並不一定要成全你。因此，你必須迅速打破這種身分的障礙，與客戶建立起更為密切的關係。

(8)儘量跳脫銷售人員的身分。里奇是一家高級珠寶店的老闆。每當他開始洽談一筆生意，都會像話家常一樣與客戶交談。例如，他會談到品質保證、珠寶成色、無條件退貨以及首飾本身的精美。同時他也提醒顧客考慮清楚，甚至建議客戶把首飾拿回家一兩天，以便「熟悉一下」。里奇認為，所謂「真誠」也包括提醒客戶，他們是在做一個重要的決定。

二、提高顧客滿意度，增加顧客回流率

「過去，在處理企業的客戶服務時，強調的是降低成本。現在，公司更關心的是，花同樣的錢，從每個客戶那裡得到更多的收入，甚至在必要時，花費更多的錢。留住一個現有客戶比發展兩個新的客戶能獲得更多的利潤。

從成本效益角度看，增加客戶的再次消費比花錢尋找新的客戶要划算得多。此外，在留住客戶方面增加少量的投入會帶來更多的利潤增長。」一位電子商務諮詢公司負責客戶交流的副總裁這麼說。

內曼・馬克斯百貨商店的一名員工斯坦理，把「留住顧客能產生價值」看作是他在零售業所學到的最重要的東西。曾經有一位女士向商店退回一件損壞的花邊女服，很顯然，衣服的損壞是因為她自己處理不當造成的。斯坦理的父親要求兒子讓那位女士全額退款，並要求他：「告訴她時，要面帶笑容。」結果多年以來，這位女士在該商店總共消費了五十多萬美元。

斯坦理認識到了回流的顧客帶來長期利潤。由於有熟悉的環境與良好的服務方式，因此把東西賣給他們應該更容易。所以，促銷等行銷手法對老顧客將發揮更好的作用。

☑不同顧客的滿意度也存有很大的差別

雖然顧客回流具有很多優點，但是很多企業發現，隨著購買次數的增加，顧客卻變得更加難以滿足。當顧客熟悉了商品和服務以後，他們就會變得更苛刻。商品和服務對他們來說已經不再新鮮，因此他們知道應該要求什麼，而且要求更多。

有幾個因素可以解釋不同行業的顧客滿意度為什麼有著巨大的差別：

(1)顧客接觸。公司和顧客的接觸越多，出錯的可能性就會越大。高接觸頻率的服務如飯店和航空公司，因為和顧客接觸頻繁，服務失敗的機率也就更大。

(2)市場占有率。更大的市場占有率意味著更低的顧客滿意。Niche市場更能針對顧客的需要，因此也就更能滿足他們。林肯汽車在顧客滿意度圖表上位居前列，但卻只有很小的市場占有率。福特公司的汽車擁有最暢銷的車款，在市場中占據主導地位，但顧客滿意度卻相當低。

(3)轉換品牌。如果從一個品牌轉向購買另一個品牌變得容易，顧客的滿意度則會受到影響。那些產品和服務複雜且難以替代的企業（如銀行）往往沒有動力努力工作，以留住顧客。容易轉換和替代的東西（如食物），其生產商會更加拼命工作，以避免顧客流失。例如，寶潔公司就是千方百計優化自己的產品線，簡化定價政策，以做到對顧客更友好。

一項跨行業的顧客滿意度比較報告指出了一個重要的經驗教訓，某一行業的顧客期望值受其他行業設定的標準所影響。例如，和表現卓越的聯邦快遞公司做生意的人，會把他們的體驗和銀行及其他服務型公司進行比較。一家公司所提供服務的品質，將根據其他行業類似服務的衡量標準進行評估。一家公司的服務速度只有趕上或超過所對應的其他行業的服務速度，才可算是最好的。

(2)有效地開發和維持回流生意

有效地開發和維持回流生意的可靠方法為數不多。數據資料庫和常客策略是兩種能夠直接影響顧客購買行為、留住顧客的行銷措施。

(1)數據資料庫行銷。行銷者正投入數以百萬計的資金建設數據資料庫，使他們能確定哪些是自己的顧客，以及採取什麼措施贏得顧客的忠誠。每個行業的公司都利用自己的方式收集的顧客資料，預測顧客將來的購買行為。

沒有什麼比顧客個人行為和偏好的資訊更有作用了。KGF食品公司能夠追蹤自己的三千萬個產品用戶，這些用戶在使用優惠券消費或者參加KGF公司其他促銷活動的時候，都提供了自己的姓名資料。

根據他們在接受調查時所表達的興趣，KGF公司定期贈送諸如營養試用品和健身之類的小冊子，以及針對某一產品的優惠券。至於飯店業，客人的記錄彙集了客人的一系列資料和偏好。在四季飯店，透過客人的記錄可以瞭解客人對房間風格的偏好、房價標準、個人習慣的事情以及飲食等特別要求。這些訊息都用來為顧客創造盡可能最好的體驗。

但是，客人的記錄並非使你瞭解誰不喜歡羽毛枕，或者誰喜歡住在逃生口旁邊的房間那麼簡單。它們提供了具體的業務拓展機會，比如針對回流客，或者為某些促銷活動選擇最佳的物件等方式，增加顧客的惠顧次數。

洲際大飯店的「六大洲」俱樂部透過其顧客認可計劃，針對哪些客人消費更多，在舒適的餐館而不是咖啡廳裡用餐，住宿套房，使用警衛、洗衣和侍從服務等等，都瞭如指掌。

特定客人被邀請提前一個晚上到達飯店，或者被鼓勵住下來享受週末。在這些顧客認可計劃中，也可以提供其他諸如贈送生日賀卡或免除住宿登記手續等特別化的服務。

顧客需要耐心和公司的互動，以意識到保持忠誠的好處。許多公司確實對忠誠顧客採取不同的對待方法。例如，如果你是穩定的顧客（一年以上），太平洋貝爾電話公司將會允許你延緩十五天支付你的電話帳單，而且對其他的費用支付也靈活處理。

對於忠誠顧客，許多公司盡力表示感謝，同時透過諸如會員俱樂部、目錄冊、雜誌以及最普遍的常客計劃等多種方式鼓勵顧客對公司品牌保持忠心。

(2)常客行銷策略。越來越多的零售商正在使用激勵計劃來培育忠誠顧客。常客購物和折扣廣受歡迎，尤其受到婦女和年輕人的青睞。常客計劃必須是綜合性關係行銷中的一部分。雖然這些計劃可能建立不了持久的顧客忠誠，但仍然能夠提供真正的行銷價值，成為顧客回流的強力動機。

有幾個速食店推行常客促銷計劃，以提高來自回流客的銷售額。會員卡記錄顧客購買的次數和數量，顧客依此可以累積點數，以便在下次惠顧時獲得免費食物或免費商品。

推行常客計劃可能是昂貴的，因此維繫該計劃對顧客和公司而言都至關重要。另外一種選擇，公司也可以利用激勵措施吸引回流客，而不必建立常客計劃。

給予「認可」是一種避免長期投資的低成本、低風險的另一種措施。價格昂貴的Fairmont飯店設立了「熟客俱樂部」，對回流客贈以禮物。例如，客人住上三次，就可以得到該飯店獎勵的一件毛料禮服。這種非正式獎勵計劃，還包括邀請常客免費住宿或贈送住宿折價券等。

公司可以使用許多創造性的方法來加強或者超越傳統的計劃。MCI通信公司的「親友長途電話計劃」在二十二個月裡就有一千萬人登記使用，成為史上最成功的產品促銷方式之一。

客戶向該公司提供經常聯絡的親友的姓名和電話號碼，如果這些親友成為公司的新客戶，那麼，他們撥打這些電話號碼時將獲得八折的價格優惠。MCI從中得到的是一個有力的行銷工具，憑藉這個工具，它能夠接近數以百萬計的由其親友推薦的潛在新客戶，進而運用有力的銷售技巧，說服這些人登記成為客戶。常客計劃向顧客提供一種積極的鼓勵，使其留在公司。

為了將來的可能回饋而選擇繼續惠顧公司，顯然不同於為了避免解約罰錢而被迫繼續作為公司的顧客。由於常客計劃還可以提高商譽價值和營銷收入，各行各業都普遍願意把它作為留住顧客的首選方法。

總而言之，資料庫行銷和常客策略是提高顧客滿意度和影響顧客回流購買行為的兩種有效方法，其祕訣在於直接投資於忠誠顧客，以實現低成本高回報。制定出利用每個顧客來獲得獨特商業機會的策略，始終是公司的目標。然而只有執行這些策略，商戰中誰勝誰負才能最終見分曉。

☑使出渾身解數吸引回流客

特惠潤滑油公司設有六個換機油服務站，無論你的車駛入哪一家，公司員工都會馬上將你的車牌號輸入電腦，電腦馬上可以顯示出你是老顧客還是新顧客。如果是新顧客，他們就會把你的情況輸入公司的電腦中。

該公司吸引顧客的一個措施是提供顧客優惠卡。只要顧客一年內消費三次，第三次就可以享受比正常價九折的優惠，第四次可以享受八折的優惠。結果，九十%的顧客成為回流客。其他顧客一去不返，都是出於無法掌握的原因。

公司認為，回流客生意是一樁「一舉兩得的買賣」。由於生意主要來自老顧客和慕名而來的新顧客，他不需要花大本錢做廣告。而給老顧客寄發通知、提供優惠卡，比透過廣告來吸引新顧客花費要少得多。

當然，要享受顧客忠誠帶來的好處，首先要贏得這種忠誠。特惠潤滑油公司的人員說：「你可以隨時給顧客寄發通知，但顧客回來後，你無法讓他們感到安心，也沒有合格的人為他們服務，他們就會一去不回。」

創造顧客忠誠在程度上需要做到不斷的創新與學習，即滿足顧客需要。不過，其重點從行銷和銷售轉移到顧客服務，從為新顧客提供優惠券到為老顧客提供獎勵，如特惠潤滑油公司的優惠卡。建立忠誠的「顧客群」還需要採取針對性的措施和態度。

REL公司的一位高級副總裁兼執行總監認為，成功留住顧客的關鍵是分清你最想留住的顧客和那些你稍不留神就會甩頭離去的顧客。他說：「如果你認為每個顧客離開的可能性一樣大，那麼該好好研究一下你的顧客群。要清楚，你不可能在每個顧客身上花同樣的精力。」

(2)不要認為最大的顧客最重要。旅行袋公司生產各式的旅行袋，一般供給五千多家零售商和同樣數量的廣告專業客戶（一般是在上面印上公司名稱當作禮物贈送）。雖然很多大型連鎖店也銷售其產品，但該公司更重要的顧客卻是小商店。令人頗有啟發的是，擁有大批忠誠的小顧客比緊抓幾個見異思遷的大顧客更有利可圖。

(3)以最忠誠的顧客標準去尋找新顧客。在和顧客導向的團隊進行集思廣義討論時，泰恆公司找出了他們最滿意的顧客並提出以下問題，「這些顧客有什麼共同特點？」巴特勒認為，找出這些共同點後，公司就可以「為銷售部門確定哪些措施行之有效，哪些顧客是公司的好搭檔。我們的時間、人力和資源有限，因此我們為什麼不找最合適的顧客？」

巴特勒認為，合適的顧客就是那些要求供貨迅速、可靠，視價值勝過價格的顧客，只有這種顧客才能建立長久關係。

(4)鼓勵員工忠誠。一位名叫羅伯特的人說：「顧客看到站在櫃檯後邊的總是同一張熟悉的面孔，就會願意再次光臨。降低員工流動率有助留住顧客，也自然有助於公司收入的增加。」勃恩的四十名員工有二十五%已在公司待了一段時間。他說：「在我們這個行業，這已經很不錯。」

(5)即使很難創造顧客忠誠也要盡力而為。有些生意中，創造顧客忠誠似乎絕無可能。例如，一些業務全靠顧客的興趣所至，才會購買。喬莉公司就屬這一類。該公司八家售襪商店都位於人潮眾多的商場。他們的襪子上都印有一些授權玩偶的圖案，所以父母都願意買回家給孩子做禮物。雖如此，其業主巴納德仍然在盡力經營這些商店，似乎是在爭取回流客。他對自己的商店和其他百貨商店進行了對比，「當你走進一家百貨商店後，賣襪子的櫃檯前幾乎不見人影，即使能找到一個人，他也未必能告訴你為什麼這一款襪子比另一款好。」

喬莉公司為了培養巴納德談到的那種人，定期向各商店發送公司產品資料，向店經理和銷售人員介紹襪子市場的現況，如襪子質料、織法的不同等。結果，回流客給公司帶來的銷量令人吃驚。」巴納德說：「滿意的顧客總有辦法找到我們。他們一般透過打電話來找我們，不用親自上門。」

有時，堅持不斷培養顧客忠誠度會得到最好的回報，可以挽救一個瀕臨危機的企業。以旅行袋公司為例，公司多年來一直致力於建立忠誠顧客。但在一九九一年八月則對該公司的顧客忠誠提出一個嚴峻考驗。一場大火燒光了公司所有的廠房和辦公室。

懷特說：「我們的當務之急是要重整旗鼓，然後是與所有顧客取得聯繫。」他們的顧客當時正等著他們供貨，以滿足學校新學期的需求。為此，他們給所有顧客打電話。公司在六十天內搬進新廠房，買進新設備並恢復正常生產。儘管出現這次意外，大多數老顧客仍堅決支持該公司，使該公司的銷量逐年上升。

三、創造出獨特的體驗方式，讓顧客對你情有獨鍾

和鄰家商店相比，你的商店有什麼出眾的地方？其實區別就在於顧客瞭解、選擇、購買和使用你產品或服務的整個經歷過程。

因此，企業裡的人員就要像顧客一樣去感受：「我感受到什麼？想到什麼？」當企業上下都能和顧客心有靈犀，就更有可能預見顧客行為，並做出回應，而且方法更有系統，效果更顯著。

☑讓顧客在交易過程中的體驗都經過精心設計

要讓顧客對自己情有獨鍾，就必須創造出獨特的體驗方式。這些方式大體分成三個內容：產品性能、服務能力以及產品和服務所處的環境。顧客無時無刻不在關注這一切，對此企業應該三者並重。

在與顧客進行體驗的過程中，顧客會有意無意地衡量他們所遇到的每個細節。他們會把有些體驗視為正面的，把有些看作是負面的，其餘的則歸於中性的。例如，在汽車展示廳裡銷售員正在吃午餐，而所散發出濃烈的氣味，就會產生負面影響；而新車的氣味則被視為正面的體驗。

正面的體驗方式會使顧客對你的產品或服務產生特別的好感。一旦出現負面的效果，就會導致顧客拒絕你的產品或服務。中性的體驗方式則給顧客平淡的體驗，既不會拒顧客千里之外，也不會使顧客回流。

不管是在設計新的顧客體驗，還是在保持現有的方式，目標都是一樣，即消除負面體驗，以增加其正面影響，增添獨樹一格正面的顧客體驗方式。

如果將毫不相干的方式結合在一起，也構成不了真正意義的顧客體驗設計。真正的顧客體驗設計中，要保證顧客體驗中的所有感受都是經過精心設計的，能夠給顧客帶來對企業正面的印象，或者加深而不是沖淡某些良好印象。所以必須要注意到顧客可能會遇到的任何一個狀況和小細節，讓顧客看到你的用心和細心。

☑和顧客的習慣性體驗保持一致

很多企業在創造顧客體驗的時候，仍然沒有考慮到怎樣和顧客的習慣性體驗（對產品和服務的瞭解、選擇、購買和使用過程）保持一致。試想一下，在購買手機時，我們會有多少麻煩！顧客必須同時面對一系列令人暈眩的問題，如使用方法、收費標準、保固、維修、服務區域、產品功能等。

出現對顧客毫無意義的體驗，就是顧客體驗方式不當的證明。一個被複雜化的購買過程會使顧客反感，最後對企業留下的印象可能就是：「太複雜」、「找不到重點」、「問題懸而未決」。當ATT公司推出統一費率方案時，簡化了無線電話服務的選擇、購買和付費過程，結果該公司市場占有率大增，產品供不應求。

設計體驗方式系統時，應站在顧客的角度。在瞭解、選擇、購買和使用產品或服務等顧客體驗的每個階段，顧客各有不同的期望，和每個階段有關的具體活動因產品或服務而異。服裝零售商的顧客可能會經歷如下的體驗過程，時裝流行趨勢；樣式和剪裁；是否適合自己。一部分體驗不在與顧客接觸的傳統範圍之內。因此顧客體驗管理是超越商店服務界限，甚至在網路瀏覽器的觸角之外的。

企業接觸的每位顧客都有自己的「體驗期」。它不僅包括他們在商業場所所花的時間，也包括進門（網站）前後的時間。這是一個會重複出現的持續過程：前一體驗的最後階段結束（試穿好衣服），新的體驗隨後開始（如評估是否流行）。如果企業在顧客體驗過程中的每一階段，都能協調組織彼此關聯的顧客體驗方式，並在過程中的具體顧客印象產生互動，就能拓展顧客體驗的邊際。在此過程中，還可以充分發揮利用顧客體驗來加強顧客消費的能力。

能夠增強既定顧客印象的方式越多，感官吸引的方式越多，就越能將顧客體驗加深印象。展開顧客體驗管理，要全面考慮到各種感官意識。如果能夠在較短的時間內使用相近的產品或服務，就很容易識別顧客體驗的不同深度。

☑找出一套獨具一格、創造良好印象的方法

採取基準借鑑，並推行這些最佳做法，有助於企業在激烈競爭中立於不敗之地。當瑪麗特飯店開發出快速退房服務或優待常客方案之後，競爭者紛紛效仿。

儘管推行最佳做法大有裨益，但這種做法並不會讓你的企業與眾不同。顧名思義，借鑑的想法不具有獨特性。當企業「研究」競爭者時，其實是有些風險的。如果迫於壓力而不得不效仿他人，效仿來的體驗只會平淡無奇，千篇一律。效仿本身就削弱了自己和原創企業顧客體驗的獨特性。

相反，應該發揮出自己的能力，感受顧客之感受：別人問候你時，你有什麼感受？為什麼有這樣的感受？群策群力，找出一套創造同樣良好印象的方法，力求獨具一格，並和你心目中的顧客印象吻合。

諾德斯百貨公司在顧客體驗設計中，用上了鋼琴演奏。琴聲融入到形形色色相互關聯的感官暗示中，它們互為補充，互為促進，形成了獨特的諾德斯購物體驗。鋼琴音樂是諾德斯刻意添加的，它有效地補充了諾德斯購物體驗的其他要素。在諾德斯，你要的鞋子款式一應俱全；大理石地板光可照人；銷售員神情怡然，提供純熟的服務；店裡還有隨處可見的服務人員。

企業只要不斷傳達能夠培養顧客偏好的體驗，就能保持其產品和服務現有的價值，同時能創造新的價值，當然這些體驗不可能從天上掉下來。要考慮到體驗動機的複雜性，進行精心設計，還要協調企業上下的努力，使所有人保持步調一致。

「體驗經濟」的通行證就是把精心設計、連貫一致的方式融合起來的系統。用上了這種系統，就等於建立了顧客忠誠方案。你的競爭者可能會模仿你的產品和服務，但是你創造出來的顧客體驗只屬於你。這就是你真正的競爭優勢，要將它發揮到極致。

⑷把商場改成「家庭」當今世界製鞋業首屈一指的美國麥爾維爾─高浦勒斯製鞋公司，產品遍銷全球，年銷售額高達六十億美元。其產品暢銷，除產品質優價廉外，還與公司領導人費蘭西斯·諾利注重對消費心理學進行研究，使每一雙鞋都充滿了人情

味有很大關係。

諾利受命於危難之時——在高浦勒斯公司處於舉步維艱的時候擔起總經理重任。上任後，他憑自己對消費心理學進行過深入研究的經驗，採用新的行銷手法，終於使公司起死回生，轉虧為盈。他的祕訣就是賦予產品以感情的色彩。諾利認為市場即是戰場，也是感情交流的地方。要在商場中獲勝，必須賦予產品情感。

一般來說，市場競爭之初，是靠產品的價格取勝，隨之而來的是品質的角逐。當激烈的競爭過後，產品品質相差無幾時，單純靠價格和品質的競爭就顯得不夠了，這時就要採用更高明的競爭守法，來巧妙地運用顧客的情感心理。

諾利考慮到當今美國社會很多人買鞋子已不再是保暖和護腳，更多的是顯示個性和生活水準。「價廉」、「質高」的老一套經營方式已不是產品暢銷的唯一法寶了。只有使鞋子像演員一樣展現出不同的個性、不同的情感，以其獨特鮮明的形象去參加社會大舞台的演出，才能以其獨特的魅力吸引眾多的「觀眾」，才能促進鞋的銷售。

於是要求該公司的設計人員群策群力，設計出各種風格迥異的鞋。這種鞋在市場上，不是宣傳鞋本身的品質與價格，而且還賦予鞋子不同的感情色彩，如「男性情感」、「女性情感」、「優雅感」、「野性感」、「輕盈感」、「成熟感」、「年輕感」、「沉穩感」，等等。

這些情感的表現形態，有式樣的別致性，也有色彩和諧性；有簡繁之別，也有濃淡之分。這些不同特徵的情感特色鞋，在不同消費層次中廣泛宣傳，迎合了不同顧客的需求。此外他們還給每一雙鞋取了一個稀奇古怪的名字，諸如「笑」、「淚」、「憤怒」、「愛情」、「搖擺舞」，等等，恰似有生命的物體，令人耳目一新，回味無窮。人們紛紛購買高浦勒斯公司的鞋。生產各種富於感情色彩的鞋子，給高浦勒斯帶來了持續的銷售高潮，這正是高浦勒斯制鞋公司產品歷久不衰的最主要原因。

美國國際商用機器公司擁有最佳銷售成功公司的稱號。他們的推銷員個個都有自己的推銷方式，但最具代表性的推銷員是吉拉德。他成功的祕訣也是利用顧客的感情因素。吉拉德是一個汽車推銷員，每年推銷出去的產品總量比同行高出二、三倍。他在介紹經驗時說：「我成功的祕訣在於我認為真正的推銷工作開始於商品推銷出去之後，買主還沒走出我們商店的大門，我已經把一封感謝信寫好了，我每個月都要發出一萬三千張明信片。」

購買了吉拉德推銷的汽車的顧客每月都會收到他寄的信，信裝在一個淡雅樸素的信封裡，但信封的大小和顏色每次都各不相同。吉拉德認為，不能讓信看起來像個郵寄的宣傳品，人們對此已司空見慣，拿起後可能連拆都不拆就扔進廢紙簍裡去了。而吉拉德寫的信一拆開就是「我想念您」的字樣，年初信的內容是「喬・吉拉德祝賀您新年快樂」。

有的客戶在生日前一、兩天會收到一份吉拉德寄來的祝賀，驚喜之情可以想見。一位普通的朋友能夠記住他們的生日，使客戶產生了一種充滿人情味的溫暖感。顧客也非常喜歡吉拉德的信件，他們經常給吉拉德回信。

吉拉德的一萬三千張卡片，就像是銷售汽車的一個花招，但實際上吉拉德對顧客是傾注了全部心血的。他說：「美國大飯店是以其廚房裡做出來的美味佳餚贏得顧客……而我推銷的是汽車，一位顧客從我這裡買去一輛汽車時，應當讓他就像在大飯店裡吃得心滿意足一樣。」的確如此，從吉拉德那裡買過汽車的顧客，當車出了毛病，回來修理時，都會受到他的熱情接待，並使汽車得到最好的修護。

吉拉德從不考慮推銷多少輛汽車，而是強調每賣一輛汽車，都要做到讓顧客得到最大的滿足。正是吉拉德這種高超的情感推銷術，才使他的汽車銷售獲得了成功。

四、提高顧客滿意度，成為真正的顧客導向型企業

企業在選擇新的經營策略時，有兩個問題非常關鍵：是否適合本企業的實際情況？如果適合又將以什麼樣方式和步驟實施？據統計，在實施顧客滿意企業經營的所有努力中，七十五%的投入沒有產生效益。要成為真正的顧客導向型企業，必須站在企業的角度，真正重視以下問題：

☑顧客的訊息系統是一切基礎

顧客滿意經營最首要的基礎，是建立一套完整的顧客訊息系統，以隨時瞭解顧客的狀態和動態。企業必須像管理其他資源一樣對顧客進行管理，做到像瞭解企業產品一樣瞭解顧客，像瞭解庫存變化一樣瞭解顧客的變化。

清楚掌握顧客的動態和特徵，企業才可以避開以下常見的經營誤區：

(1)幻想留住所有顧客。企業應首先區分哪些是目標顧客，將有限的資源和精力用在目標上，到處撒網只能徒費資源。

(2)只注重大顧客。應該以真正的顧客為中心。重要的不是大顧客，而是能讓企業盈利的顧客。不要一味將資源用在所謂大顧客身上，必要時應剔除一些服務成本太高

的顧客。

(3)盲目開發新顧客。「以最忠誠的顧客標準去尋找新顧客」。分析企業中現有忠誠顧客，找出這些顧客的共同特點，並據此尋找最合適的顧客。

☑降低顧客的交易成本

建立顧客導向的企業就必須理解顧客成本，即顧客在交易中的費用和付出。它表現為金錢、時間、精力和其他方面的損耗。

企業經常忘了顧客在交易過程中同樣有成本。企業對降低自己的交易成本有一整套的方法與規章，卻很少考慮如何降低顧客的交易成本。

許多企業已意識到培養忠誠顧客是顧客滿意經營的關鍵，做法卻往往不得要領。以下例子可見一般：當我們在餐廳受到不好的服務而投訴時，餐廳通常是以餐費折價甚至免費的方式給予補償，期望以此獲得顧客忠誠。但這只能平息顧客一時怨氣，卻無法得到顧客忠誠，因為顧客真正想要的是精美食物和好的服務。因此，培養忠誠顧客的最有效方法是將顧客成本降為零。

要培養忠誠顧客，首先要評估顧客的關鍵需求，然後開始改變企業的作業流程，設法消除交易過程中影響最大的顧客成本，儘量避免如交貨不及時、手續煩瑣等問題的出現。

☑提高員工在經營中的參與程度和積極性

顧客的購買行為是一個在消費中尋求尊重的過程，而員工在經營中的參與程度和積極性，在影響著顧客滿意度上占有很大的關鍵。

一些跨國企業在它們對顧客服務的研究中，清楚發現員工滿意度與企業利潤之間是一個「價值鍊」關係：

◆利潤和增長主要是由顧客忠誠度主導的。

◆忠誠是顧客滿意的最直接的反應。

◆滿意的大部分原因是在於提供給顧客的服務價值所影響。

◆價值是由滿意、忠誠和有效率的員工創造的。

◆員工滿意主要來自企業高度的支援和良好的制度。

提高員工滿意度絕不能僅僅依靠金錢，開放式交流、充分授權以及員工教育和培訓也都是好的方法。

☑考核指標應是顧客滿意度而非銷量

顧客滿意的企業經營是以顧客滿意度為最重要的競爭要素，經營的唯一目的是顧客滿意。因此，銷售人員最主要的考核指標應是顧客滿意度，而非銷量。

在一家糕餅專賣店中，只有店長有銷售壓力，店員的收入和銷售額則絲毫沒有關係。店員上線前都要嚴格訓練在各種情況下安排什麼步驟進行規範服務。店長不直接與顧客接觸，只是對員工與顧客的每一次接觸進行觀察和評分，並在顧客走後對員工予以提醒或鼓勵。評分表就成了員工獎金收入的依據。

如果營業員的收入是以營業額為主，營業員服務的目的就只在於「成交」。成交又意味著顧客的付出，這使買賣雙方站在了對立的立場。以顧客滿意度為營業員薪資依據，便使雙方的關係發生了微妙的變化。他們的共同點都在於「滿意」。利益的一致使雙方變得親近，服務也更發自內心。

☑對員工進行解決問題技巧的培訓

制度顯然無法解決一切問題，顧客導向的企業經營中，現場管理將更有效率。在一項對國際優秀企業的調查中，最驚人的發現之一就是，這些企業百分之百地對員工進行解決問題技巧的培訓。

推行現場管理，不但能及時發現問題、解決問題，更重要的是可以教給員工解決問題的方法。

在一家國際著名飯店中，領班必須將每天將員工遇到的問題和適當的處理方法記錄在一個專用筆記本上。每個員工上班的第一件事就是查看這個筆記本。這樣的管理能不讓同樣的錯誤犯兩遍，同時使整個團隊能不斷進步。

優秀的現場管理人員要在問題發生之前及時介入、瞭解，甚至必要時接手處理意外事件。而在空閒時間，讓員工立刻進行處理這種意外情況的類比訓練，讓員工每天都能掌握新的服務技巧。但一般情況下，一定要充分授權，否則服務人員將產生嚴重的依賴心理，能力無法提升。

現場指導還有一個重要職責就是，記錄並激勵員工每次成功的服務和一點一滴的進步。

☑讓業務流程更流暢

企業必須更有能力讓服務滿意度超出顧客的預期，否則，就必須對企業的組織和業務流程進行重新的設計。認真分析企業的業務流程，進行重新規劃和整理，加強內部協調，建立一個能保證顧客滿意的企業經營團隊。這是建立顧客導向企業最大的關鍵之一。

要實現這種業務流程的建立，首先必須瞭解所有員工和顧客真正想從企業得到什麼。首先以顧客需求為出發點，來確定業務或服務部門的服務規範和工作流程，然後，以此為標準重新考慮各個相關部門的工作流程應該如何調整，以配合業務部門達成它們的目標。讓企業所有經營活動都指向一個目的，即顧客滿意！

顧客滿意既然是目標，就必須在系統思考的基礎上作好策略規劃，否則，一味地追求顧客滿意度可能會出現意想不到的結局。

☑重視顧客投訴的價值，積極處理投訴事件

許多企業努力減少顧客投訴。其實，他們應該歡迎投訴。當顧客不滿意某種產品或服務時，他可以說出來，也可以一走了之。如果顧客拂袖而去，企業連消除他們不滿的機會都沒有。會投訴的顧客仍給予企業以彌補改進的機會，他們極可能下次還會來惠顧。因此，投訴的顧客對企業是正面的幫助。

在顧客和市場資訊中，顧客投訴是最常見卻是利用得最少的資源之一。但是，它本身就可以成為企業品質和服務重建計劃的基礎。因此，這可是一件非常有價值和值得重視的事！

顧客投訴幫助曼徹斯特儲蓄銀行找到了頻頻出現詐騙活動的漏洞區。結果，罪犯被繩之以法，他們再也無法利用假的自動櫃員機騙取顧客帳號，把顧客銀行帳戶上的存款提領一空。

捷柏公司在全美幾個城市經營停車場業務，它們對顧客投訴的觀念深有體會。有顧客投訴說，他們在停車場時取車太花時間，公司十分注意這些投訴並著手改進，加快了取車的速度。結果，公司贏得了顧客歡心，同時每年節約了近五十萬美元。

TNT全球快遞公司把處理投訴作為公司的一項使命。它有一套全球報告系統，能詳細查明所有失誤，並且進而在每週進行追根究底式的深入分析，幫助公司找出包裹投遞系統中出現的主要失誤領域。

透過重視顧客投訴資料，TNT全球快遞的顧客服務變化驚人。按時投遞率提高了九十六%，取貨失誤減少了七十%，工作時間損失減少了八十六%。也許，最能說明問題的是，實施顧客投訴處理項目兩年來公司的稅前盈餘猛增八十一%。

我們只有對投訴的觀念加以重視，才能毫不猶豫地面對投訴做出反應。如何才能做到呢？首先，對投訴的觀念一定要時常向員工提醒、告知，培訓中時時刻刻予以強調。其次，調整公司政策以支持這種經營思想。最後，還要學習處理投訴的基本技巧：

(1)道謝。把投訴視為寶貴的資訊並向投訴者致謝。

(2)說明很高興收到投訴的原由。說明聽到投訴將如何讓你更好地解決所涉及的問題。

(3)為失誤向顧客致歉。向顧客道歉固然重要，但不應一開始就道歉。先致謝再道歉可與顧客建立更有力的友好關係。

(4)承諾立即解決問題。然後採取行動，挽回局面。

(5)尋求所需資訊。瞭解怎樣才能達到顧客要求或讓顧客滿意。

(6)馬上糾正錯誤。反應快捷表明你對改正服務的態度認真。

(7)瞭解顧客滿意度。打電話瞭解顧客對你所做的是否滿意。

(8)防患於未然。把顧客的投訴在全公司廣而告之，防止再度出現同類問題。要修正系統，不要一有問題就對員工加以指責。

第四節

做好售後服務，保障顧客權益

一、致力於接近顧客，為顧客的經營結果負責

「成長、利潤和優勢的最大泉源在於建構和培養一種接近顧客的關係」通用電器塑膠公司注重顧客經營業績，將其看作自己的產品，進而在行業中遙遙領先、市場占有率不斷擴大。

作為通用電器公司在美國麻省的分支機搆，該公司針對行業建立各種團隊，幫助顧客開發新產品、處理技術、設計生產流程以降低成本、提高業績。他們還派出追蹤團隊去發現顧客工廠中的問題。不管是廢料太多，還是生產率或存貨周轉不理想，通用電器塑膠公司的團隊都能和顧客一起設計解決方案並付諸實施。

結果呢?通用電器塑膠公司的提高生產率項目僅一年就使顧客節省了六千八百萬

美元，其自身的銷售收入也增長了十一％。

就像當今世界不少有類似想法的市場領先企業一樣，通用電器塑膠公司正處於本時代最重要的策略轉變，即轉向接近顧客。他們摒棄原來那種分清你我的思維模式，轉而接受了這樣一個共同理念：即成長、利潤和優勢的最大泉源在於建構和培養一種接近顧客的關係。

☑為顧客提供完美的解決方案，產生雙贏的結果

接近顧客並不完全要求提高顧客滿足度，而是要為顧客的經營結果負責。它不是表面的形式做法，而是要共創未來的團結、有用資訊的交流和協力謀求成果。

這是否意味著接近顧客的企業像照顧小孩一樣在「照顧」他們的顧客呢？他們是不是在混淆供應商和購買者之間那種實際的界限？他們是不是在鼓勵顧客走進一種不健康的依賴關係吧？絕對不是。接近顧客的供應商並不是對顧客一味的百依百順，而是去發現如何針對需要，為顧客提供完美的解決方案。這樣，企業成了顧客不可或缺的夥伴。他們的經營活動常與顧客的業務融為一體，對顧客最終的成功產生重要作用。

他們並沒有混淆界限，事實上，倒是建立了更明晰的新界限。當兩個企業從一種簡單的買賣關係轉為技術和運作上更複雜的接近顧客關係之後，雙方各自的責任也就

確定無疑。他們創建了一種新的思維模式，或者說，一種新的經營方式。從結構、策略到價值取向和觀念，一切都是新的。

要產生這樣的結果需要什麼？企業怎樣將接近顧客的觀念和承諾付諸實踐並從中獲利呢？怎樣將許下的諾言實現？

有三項原則需要遵守，也可稱為接近顧客三原則：

⑴大膽尋求滿足客戶需求的更佳途徑。也許顧客看待事物眼光不夠遠，你必須看得更清晰。必須深入研究顧客的市場、運作、習慣和期望。想像力能拓展顧客和你自己的期望。

顧客通常不明白或無法說出自己想要什麼。在大部份情況下，他們不知道自己的需求。

因此，接近顧客的公司需要教育顧客、明確他們的期望、指導他們如何從所購之物中獲取最大收益。

三藩市一家嘉歌鮮花郵購公司，利用郵遞、傳真或電話方便購花來解決這些問題，並進而幫助顧客為特定場合挑選合適的鮮花，利用鮮花來作日常裝飾。顧客知道，只要撥一通〇八〇〇免付費電話就能向嘉歌公司的「花草醫生」諮詢如何照料植物。

(2)培養和維護良好的人際關係。接近不是做交易，不是把帳收到後就可以置於不顧買賣。它是一種基於信任和坦誠的互動關係。如果你一次次一絲不苟地幫顧客取得成果，這種關係就能得以發展。對關係要認真挑選並加以培養，維護這些關係提高雙方競爭力的能力。

我們來看看一家叫馬歇爾實業公司的電子產品經銷商和它的大主顧之一，承包生產商診斷儀器公司之間的關係。局外人很難對這兩家公司一分彼此。它們一起銷售產品、預測行情，取消了各自獨立的訂單、帳單、發票和會計系統。它們使用的軟體能共同管理承銷物料系統。

馬歇爾公司的銷售代表甚至出席診斷儀器公司的採購會議。診斷儀器公司行政總監詹姆斯・懷森說：「我們常跟他們開玩笑說，要給他們一張我們公司的員工證。我們已給他配了辦公桌椅和電話。他在馬歇爾和我們公司的電子信箱上都掛了名。這的確節省了聯絡時間。對我們雙方來說，時間就是金錢。」

(3)全心全意地為顧客效勞。新的需求和關係要求接近顧客。要滿足這些需求、培養這些關係必須日復一日地針對每一個顧客靈活應變，同時還要使企業文化、體制、評判標準和經濟情況與之適應。當然，盡心盡意是培養接近顧客文化的核心，這就意味著堅定不渝地樂意為顧客效勞。

在三星電子公司，電話鈴一響，接近顧客的行動便開始了。曾有很長一段時間，三星的顧客打電話來查詢時，部門之間老是相互推諉。最後也累積了無數的積怨，這家電子廠商組織了一個有各部門員工參加的團隊，徵詢了顧客的改進建議，並採用一種綜合軟體系統使公司各部門聯繫，重新設計了與顧客的互動模式，顧客可以直接找到相關部門。該公司的解決方案是，建立「商務運作中心」。顧客只需撥一通電話就可以得到有關產品規格、定價、訂購程式和付款的訊息。

想像力、關係和投入這三項原則是相輔相成的。雖然要做到其中一項都不容易，然而，你得努力同時兼顧這三項，否則就會失敗。

☑先從自己的長處著手，集中力量爭取少數資財雄厚的大主顧

真正要做到接近顧客的企業必須在以下三個方面中至少一方面累積相當的經驗和專業技能：營運能力、產品開發技能、牢固的顧客關係。但是，如果你的企業在上述哪一方面都無所長，該怎麼辦呢？

你的企業沒有過人的營運能力和產品開發技能。你的顧客關係和業績不足以作為建立接近顧客關係的基礎。這是否意味著你只能靠邊站了？其實不然！另有一條途徑

可讓你走上更接近顧客之路。

企業走上接近顧客這一頗富挑戰性的道路，在一開始時可以每次只專注於一個或少數幾個重要顧客。需要什麼樣的服務才能建立解決方案？該如何為顧客選擇最適合產品？在替某一顧客回答如此這般的問題過程中，供應商能學到接近顧客所需的各種能力，並繼而走向下一個顧客。如此一來，企業透過點滴累積獲得必要技能，最終完全實現接近顧客。

尼布羅公司以其營運能力為跳板，逐步累積接近顧客的技能，建立起接近顧客的關係。早在二十世紀八〇年代，公司行政總監藍克決定集中力量爭取少數幾個資財雄厚的大主顧，而非為數眾多的小顧客。隨後，公司逐步擴大其顧客群，逐漸掌握了與顧客建立互信、指導、合作和建立牢固關係的前提條件並看到了好處。

雖然尼布羅公司並沒有一夜之間變成市場領先者，但它始終謹記著接近顧客這一明確目標，在實踐中不斷學習和提升。

每個企業都是從自己的長處先著手，根據自身的特定情況採取適當的步驟。儘管起點和蓄勢的方式各不相同，接近顧客的企業都有兩個共同特點：其一，對接近顧客有一種緊迫感；其二，有令人振奮的團隊精神。不能低估了這兩個特點的意義，而應把它們看作左右一個企業建立有利於接近顧客環境的「氣候」。沒有這兩個特點，要想成就接近顧客的企業，無異於緣木求魚。

緊迫感促使人們學得更快、更有效地改正錯誤、努力尋找創造性的措施。緊迫不等於忙亂，既要有只爭朝夕的決心，又不失老練和謹慎。抱著等等看的態度，絕對成不了未來的佼佼者。如果某些東西值得為之一搏，就必須滿懷熱忱地去執行。

領導者也必須起帶頭作用。但企業各階層員工，不管是來自第一線還是行政部門，都必須參與這場接近顧客的變革。必須以團隊精神，以一種共同的使命感，來指引企業對接近顧客的追求。齊心協力的員工團隊比個人更能創造激情、活力、靈感和積極性。

試想一下你自己的企業，想想你們在市場中的現有地位和未來的前景，你們有些什麼樣的抱負、希望和理想？

現在，再來想像這樣一個企業。它勇氣十足、膽量過人且具有遠大的目光去迎接挑戰，努力實現當今最具前途的重大業務。這個企業的員工個個意氣風發、團結一致、分秒必爭地一起奮力向前，不懈追求明天無比美好的前景。為自己及企業和員工發揮你的想像力吧。想人所不敢想，然後睜開雙眼、埋頭工作。

二、實行雙贏銷售，讓顧客和你同時達到目的

雙贏銷售模式包括四個步驟：計劃、關係、協調和持續。

☑制定計劃

雙贏式交易，就是要讓顧客像銷售員一樣看待銷售工作，買賣雙方都為彼此達成一致而努力。雙贏銷售模式的第一步是制定一個雙贏銷售計劃。制定計劃時要考慮自己能為顧客帶來什麼，問問自己：「如何做才能使顧客樂意與我交易？我應該朝哪個方向努力，才能使顧客回應我真正想要的？」

制定雙贏式計劃的步驟是：

(1)具體確定在向對方銷售時，自己要達到什麼樣的目標。第一步十分重要，不容忽視。因為如果不知道自己在銷售中要達到什麼目標的話，計劃也就沒有意義。

(2)努力去瞭解顧客的目標。在明白自己的目標並做出歸納後，銷售人員要盡力瞭解顧客的目標。不要忘記，和你一樣，顧客也希望透過交易達到的目標。顧客要是沒有想要達到的目標，他們一開始就會對交易漠不關心。

(3)比較。在確定兩者的目標之後，銷售人員應將二者的目標加以比較，找出與對

方完全一致的地方。對於雙方完全一致的共同點，就沒有必要再協調。對於不一致的地方，為了協調不同的利害關係，銷售就要發揮創造力和開發能力。這是制定雙贏計劃中最重要也是最富有挑戰性的一步。

銷售人員必須學會將自己的目標和顧客的目標進行對照，把這作為制約條件，然後制定一個使雙方目標都能得到實現的計劃。如果顧客的目標沒有得到滿足，銷售人員的目標也難以實現。

☑建立關係

銷售人員應該與顧客建立良好的人際關係。人們總是樂意為自己瞭解並信賴的朋友推薦產品，因此銷售人員要花些時間和那些能夠影響自己成敗的人建立良好的關係。銷售人員如果贏得了顧客的信任和好感，顧客就會放心、樂意地和他交易。這樣，雙方不僅會彼此融洽地協商，更會從內心期待這種交易達成。如何形成這種雙贏式關係呢？制定各種活動計劃，贏得顧客的信賴。要贏得顧客的信賴，其實並不難。

第一，銷售人員希望顧客怎樣對自己，就應該怎樣對顧客。因此，格外的努力、親切的關懷和周到的禮儀都非常必要。

第二，表現出自己的誠意。

第三，做到言出必行。

在與對方尚未形成足夠的良好關係之前，銷售人員不可匆忙進入銷售事宜協商的正題。

☑實現雙贏協議

人際關係建立後，銷售人員和顧客之間就可以晉升到協議階段，前提是前兩個步驟必須徹底實行。雙贏式協定，是指協調雙方的目標、使買賣雙方都能接受的協議。協議必須對雙方都有好處。因為協議牽涉到雙方的利益關係，所以這種協議也確立了雙方在協議中應承擔的責任。

如何建立雙贏式的協議？

(1)銷售人員要對顧客的目標有深刻瞭解。如何瞭解顧客的目標呢？方法很簡單，就是詢問對方，然後注意傾聽對方的回答。如果銷售人員與顧客已建立起雙贏式的關係，顧客就不可能說謊或支吾其詞。

(2)銷售人員要將自己的目標與顧客目標進行對照，瞭解兩者的目標之間有何差異。銷售人員可以讓顧客對自己的意見反覆確認、否定或修正。在與顧客確定了一致意見後，銷售人員與顧客都可能提出不同意見，因此雙方要用雙贏式的協調方法來調整雙方提出的不同解決方法之間的差異。對於差異部分，要用創造性、討論和交換意見等方法解決。

在解決了所有問題及成功協調了二者之間的日標後，這便是真正達成協議了。剩下的只是記錄下協定的內容就可以了。

☑維持

真正的銷售始於銷售後。銷售人員要想使顧客再次光臨，並使顧客為自己介紹新客戶，協定、關係、計劃三者都必須是持續的。銷售人員與顧客僅僅達成協議是不夠的，重要的是把協定的內容付諸實施。實踐告訴我們，協議書不論規定得多麼嚴格，也無法保障它執行。它無法強制人們做他們不願做的事。

◆銷售人員必須要認識到「人＋約定＝實行」。

◆雙贏式維持包括兩個方面：一是約定維持，二是關係維持。

如何實行約定維持？推銷員要做到兩點：

(1)推銷員對顧客遵守協議約定的行為要給予適時、良好的激勵。方式可多種多樣，如親自拜訪對方，或是寫信、打電話致以問候，對其努力表示感謝。重要的是適時，在顧客履行協議後要立即給予致謝。

(2)銷售人員自己也應履行所承擔的職責。

如何做好關係維持呢？從關係維持這個名稱上銷售人員就可以看出，它關係到自己與顧客形成的雙贏式關係能否繼續下去。銷售人員和顧客之間的關係不管多麼好，如果長期不進行溝通、聯絡，就會漸漸淡薄。因此，要與顧客進行長期交易，最好的辦法就是保持、鞏固和發展以往的關係。

雙贏式銷售是個連續的過程，只有起點沒有終點。銷售人員要不斷按計劃——關係——協議——維持進行循環。然而，許多銷售人員犯的最大錯誤是，不把推銷過程看成一個連續的活動過程，而是把它看成一個個獨立的單一過程。他們把自己與顧客的初次會面作為開始，而把達成協議後的握手作為終結。他們沒有認識到銷售必須要包括這四個步驟。要使下一步驟順利進行，就必須使前一個步驟順利完成。大多數銷售人員都抱著不願輸給對方的態度與顧客接觸，其結果是不言而喻的。

三、把商品出現售後問題當作維繫顧客的最佳時機

許多商界人士非常看重一個完美的初次亮相，但很少認真想過一旦發生問題，如何把問題變好事。於是在這種時候，他們往往被「零缺點」的觀念所左右，滋生出這

樣一個念頭：「讓我們趕緊把這個爛攤子收拾乾淨，繼續做生意，就當這事沒發生吧。」

這種態度使得商家錯失了與顧客聯絡感情和樹立商業信譽的大好機會。恰是在出現問題時，顧客對自己所受到的待遇最為敏感，也最容易向朋友和同事傾訴自己的經歷。也恰恰是在這時，他們最有可能做出決定，是繼續在這家公司購物，還是轉向別家去購買。

在這種不甚愉快的時刻，顧客會變得異常敏感。如果他們以前不過是隨意購物，那現在就會變得精明起來。如果他們以前就非常識貨，一旦出現了問題，他們就會把標準訂得更高。

要將顧客的這種敏感轉變為助力。如果售後服務問題能夠得到迅速圓滿的解決，顧客對商家的忠誠度會比以往更高。

我們來看一個例子，你在一家鞋店買了一雙昂貴的鞋子，回到家後就把發票扔了。兩個星期之後，你走在街上，鞋跟突然斷了，掉進下水道裡再也撿不到。於是你決定把這雙鞋退回那家鞋店。這時候，你難免心懷忐忑，因為你沒有保存那張發票。

現在來想像一下，售貨員面帶微笑地歡迎你，並且很快打消了你弄丟發票的顧慮。

她馬上給你換了一雙新鞋，還免費贈送了一雙與鞋相配的襪子。她說這樣做是「對您能回來表示感謝，並對給您帶來的不便表示歉意。」

你以後會不會再去光顧這家鞋店呢？你會不會向朋友們推薦這家店呢？這是毫無疑問的。正因為你遇到的售後問題得到了圓滿的解決，因此你對這家商店的感情加深了。

問題的關鍵在於，出現售後服務問題時，正是與顧客加深感情的絕佳機會，解決問題要快，而且不妨慷慨一些。採取以下簡單的七個步驟，即可憑藉周到的售後服務贏得顧客的忠誠度。

(1)表示歉意。要想讓人們感受到你對他們確實關心，立即表示出真誠的歉意是最好的方法。

(2)立即解決。解決問題的速度越快越好。這時候不是去斤斤計較為顧客排憂解難的代價，只要能解決問題，只管去做。你的損失會隨著時間的流逝逐漸被淡忘，而你從中獲得的利益卻是永久的。

(3)與顧客交流。要記住，除了商品、日期和訂單之外，人也是一個重要的因素。要花時間與人進行交流，和顧客保持個人的聯繫，可以給打電話他們、發E-mail或傳真。當售後服務結束時，親筆寫一張便條、送一份小禮物或者用其他的方式表達對他們的謝意。

(4)討顧客歡心。要想與顧客加深感情，就必須給予超出其預期的優惠。優惠的形式可以是退貨、折扣、特殊的說明和額外的服務，倒不一定非得是在金錢方面。不過，無論是何種優惠形式，行動一定要快。如果辦理退款或者其他優惠需要進行長達數月的協商與授權，是絕不可能贏得顧客青睞的。

(5)改進工作。改進工作方法，加強培訓，以避免相似的問題再次發生，把改進工作制度化。

(6)通報結果。要使每一個員工都能從出現的問題中獲得經驗，提供後續工作和改進的充分資訊。

(7)追蹤聯繫。即使顧客不再來反映問題，也不要就此停止交流。保持與顧客的聯繫，直至他們成為長期的忠實主顧為止。

長期的忠實主顧會帶來低廉的成本和長期的訂貨，透過他們的介紹可以帶來更多的顧客，進而提高利潤。為了僅僅保證一筆買賣的收益而失去這樣一位寶貴的客戶實在是太得不償失了。

四、塑造和維護良好的企業形象，為顧客提供優質的產品和良好的服務

☑依靠企業形象拉近和顧客的距離

美國帕杜農場是一家專門為社會提供各種農業副產品的大型農場。該農場的主人法蘭克對農場的形象十分重視，把塑造和維護良好的形象，當作爭取顧客的基本公關策略。為此，他在經營中著眼點始終放在為顧客提供優質的產品和良好的服務上。

一次，一位顧客在一家零售店買了一隻帕杜農場生產的真空包裝的雞肉。回家後，發現這隻雞已經乾了且味道也變了。於是，他把這隻雞送回那家零售店。該店的服務員二話不說，立即退了錢給他。後來，這位顧客決定寫封信給法蘭克，把這件事告訴他。

沒過幾天，這位顧客就收到了法蘭克的回信，信中一再向這位顧客表示歉意，並附有一張供應一隻雞的免費兌換券。最後，法蘭克真誠地表示，希望這位顧客多多幫助，使該農場及附屬零售商店，永遠杜絕類似事情的發生。

自此以後，這位顧客除了帕杜農場的雞，再也不買別的農場的雞了。同時，他還把自己的經歷寫成一篇短文，在報紙上發表。這對提高帕杜農場的形象和知名度，起

了積極的作用，並無形中又為帕杜農場贏得了眾多的消費者，進而使帕杜農場的產品一直保持較高的市場占有率。

帕杜農場是運用企業形象優勢獲得經營成功的典型。在帕杜農場的場主法蘭克那裡，重視企業形象與信譽，絕非是一種促進產品銷售的「雕蟲小技」，而是一種與農場命運攸關的企業公關基本策略，它體現在帕杜農場經營活動的各種細微之處。當帕杜農場的這種良好形象，在顧客的心目中穩固地存在，它便成為一種向心力，把帕杜農場和它的顧客永久的聯繫在一起。

☑公司形象比產品和價格更為重要

類似法蘭克這樣重視塑造企業形象的經營者和企業家，並非是絕無僅有的。因為，現代企業的經營實踐，以有力的事實向企業家證明，「在一個富足的社會裡，人們都已不太斤斤計較價格，產品的相似之處又多於不同之處。因此，公司形象變得比產品和價格更為重要。」尤其是在市場日趨繁榮，競爭日益激烈的今天，良好的企業形象更是企業經營過程中不可多得的無形的寶貴資源。它可以為企業帶來意想不到的結果。

(1)良好的企業形象使消費者產生信賴。在發達的市場經濟條件下，信用和信譽是維持市場競爭秩序，使經營活動正常進行的先決條件。良好的企業形象就像是保證書一樣，它可以使消費者對企業及企業產品和服務產生信賴。這種信賴之情將會使消費者很樂意、很放心地去購買該企業的產品，接受該企業的服務。

不僅如此，這種信賴之情更有一種奇妙的「傳遞」作用，亦即當一家形象良好、聲譽卓著的企業在推出某種新產品之前，傳統的形象和信譽本身，就已經為這種新產品的暢銷，尋找到了潛在的市場。

⑵良好的企業形象能夠在企業內部產生凝聚力。一個企業的經營績效的好壞，受制於多種因素。其中在企業內部形成一種良好的組織氣氛和強大的凝聚力，又是至關重要的因素。而良好的組織氣氛和強大的凝聚力，這首先又取決於企業在其內部員工心目中的形象。

良好的企業形象，可以使員工產生「這家公司是工作的好地方」的感覺，進而產生一種優越感和自豪感。這正是企業吸引人才、留住人才、激發員工產生積極性和創造性的最為重要的因素，也是使企業始終保持高昂的士氣和旺盛鬥志的條件。

人往高處走，水往低處流，那些經營不善，形象低劣的企業，員工情緒必然低落，也就會造成人才的流失。而那些經營績效突出、社會形象良好的企業，必然會產生人人嚮往，團結一致的效果。

(3)良好的企業形象為企業創造優異的競爭條件。良好的企業形象，具有強烈的磁場作用，它能夠為企業建立吸引資金的先決條件。一旦一個企業在社會公眾心中形成良好的形象和信譽，它就會使公眾樂意購買該公司的股票，銀行樂意為企業提供優惠貸款，政府樂意為企業提供優惠的經營條件，甚至保險公司也樂意為它的經營作保。同時，良好的企業形象有利於企業尋求到穩定的經營銷售管道。這些，都可以為企業創造一種優於其他企業的競爭條件。

在現代企業的公關活動中，運用「形象策略」，尋求競爭優勢，一方面要求企業必須為顧客提供優質的產品，優良的服務，另一方面，企業還須讓公眾充分瞭解和認識企業的產品與服務。

在這個方面，企業運用資訊傳播手法，充分利用各種大眾傳播媒介，把企業與消費者經常性的資訊溝通與交流，作為塑造企業形象的一個重要內容，是具有重要意義的。企業形象是顧客對企業的評價與印象，而不是企業自我評價與自我感覺。顧客對企業的評價和印象既可以透過他購買企業產品和接受企業服務來產生，也可以透過各種傳媒來形成。

現代企業市場公關活動中的塑造形象策略，就其實質上來說，就是充分運用企業公共關係的巨大力量，把建立企業形象，維護和發展企業與社會公眾之間融洽良好的關係，作為一項策略性的目標，這是企業公關的關鍵。

☑塑造和保持企業形象的要點

(1)堅持樹立企業形象的長期方針。企業形象的塑造，決不是一朝一夕的事情，它需要企業公共關係部門長期的努力，需要有計劃有步驟、積極穩定地展開企業公共關係活動。把企業各項具體的公共關係工作，統一到塑造企業形象這個總目標上來，並持之以恆地堅持下去。

在這裡特別要注意的是，對於企業在長期的經營活動中證明是行之有效的有利於樹立企業形象的各種方針和政策、措施和做法，一定要堅持不懈地貫徹和實施，幫助企業形成自己獨特的經營作風和風格。這是塑造和保持企業形象最重要的方向。

(2)巧妙利用傳播媒體。利用企業公共關係活動來塑造企業形象，是公關人員的主要職責。在大眾傳播時代，尤其是在資訊化的社會中，大眾傳媒對人們的態度與行為具有直接的影響。某個媒體發表一篇不利於企業的報導，可能導致企業陷入困境；或者某個媒體發表一篇有利於企業的報導，進而使企業一舉成功。

這些案例在美國社會也很常見。因此，為了塑造企業形象，企業公關就要把使大眾傳媒傳播有利於企業的各種報導和新聞作為策略任務來看待，及時地捕捉到各種有利的時機，透過各種大眾傳播的工具，讓顧客和社會公眾認識企業，瞭解企業產品與服務，更重要的是使社會公眾對企業產生信任感、依賴感。這不僅可以使企業獲得永久性顧客，而且還可以把一些潛在顧客與其他競爭對手的顧客爭取過來。

(3)及早防止「形象危機」。需要引起你注意的是，塑造企業形象要注意防微杜漸，及時地防止產生「形象危機」的各種因素的滋生。而一旦出現企業「形象危機」，就要調動一切手段來儘早克服這種「形象危機」。企業也是一個社會有機體，正像一個人一樣，企業這個有機體也常會由於各種原因而產生一些「病症」，發生一些問題。然而不論出現何種問題，它都會給企業帶來生存的危險，進而破壞企業的形象，在公眾中形成一種「形象危機」，因此，防止企業形象發生危機是企業公關的主要責任。當然，人非聖賢，孰能無過，一旦基於種種原因，企業發生「形象危機」時，就應當採取積極有效的公關活動來拯救危機，從「形象危機」中解脫，重新獲得公眾的理解與支持。

(4)適時改變企業形象。塑造企業形象還要善於根據企業經營環境的變化，而適時的改變企業形象。改變企業形象也是企業形象重塑的過程，任何一個企業的形象絕非是永恆不變的。杜邦曾是名噪一時的軍火大王，在第一次世界大戰之中，憑靠銷售軍火而累積了巨額財富，卻也換來了「和平毀滅者」的稱號。美國一家調查公司曾作過一次廣泛的社會調查，結果發現，「杜邦」是美國人民最憎惡的名字之一。

一次，伊雷內·杜邦開車去紐約時，在路上碰到一名海軍士兵和他的女友，伊雷內·杜邦熱情地邀請他們搭車。到了紐約後，士兵表示感謝後詢問他的名字。

「我叫伊雷內·杜邦。」

「是特拉華州的杜邦嗎？」士兵問道。

「當然。」

「早知道就不會搭你的車了！」水兵滿眼憤恨之情……

可是二十年後，杜邦公司進行了一次社會調查，有七十九·二%的人對杜邦公司表示好感，有九%的人表示漠不關心，可見，杜邦在人們心目中的形象已全然改觀。這與杜邦公司的公關活動——重塑杜邦形象是分不開的，杜邦家族讓世人對他們締造了世界最大的化學工業公司這一事實產生了好感。

第二章

價格競爭是有效的手法

第一節 根據自身條件和市場環境變化，採取適當定價策略

企業決定採取何種定價策略，必須考慮多種因素。其中最重要的有：企業定價目標、商品的需求彈性、企業自身的經營狀況和競爭對手的狀況等。

企業在選擇定價策略時，要把各種因素綜合起來考量。同時，企業還要不斷地根據市場的變化、競爭對手策略的變化、消費者消費心理的變化、本企業經營狀況的變化等來調整自己的定價策略。

一、薄利多銷定價策略

薄利多銷定價策略是指商品定價時，有意識地壓低產品利潤水準，以相對低廉的價格刺激需求，增大和提高市場占有率，實現長時期的總利潤的一種定價策略。對於社會需求量大，資源有保證，生產有潛力，價格與成本彈性又較大的商品，適宜採用

這種定價策略。採用薄利多銷定價策略有二個約束性條件：

(1)從企業內部看，生產條件或庫存條件允許產量或銷量的擴大，能滿足降低價格所引起的需求量增加。反之，將蒙受利潤降低的損失。

(2)需求的價格彈性大於一，即一定的價格下降幅度能引起更大的需求上升幅度，否則，會得不償失。

以下兩種情況屬於薄利多銷：

(1)在既定需求狀況下，要擴大原有產量和銷量，必須降低原有成交價格。

(2)若產品尤受顧客歡迎，需求曲線上升；企業一般有漲價動力，但不一定採取漲價策略。只要具備上述條件，企業透過相對降價而擴大銷量，也是薄利多銷。

二、限量銷售定價策略

厚利限銷定價策略是指企業對某些商品有意識地實行高價以獲取高利潤的策略。該策略的目的是獲取高利潤，而非限量銷售，限量銷售只是該策略的執行所帶來的必然後果。此策略的適用範圍，使用稀缺資源生產的非生活必須品；外貿商品中的非生活必須品；有較大心理價值和觀賞價值的收藏性商品；消費者急需，但受經濟或技術條件限制無法短期內迅速增長的商品。運用限量銷售定價策略注意「高利潤」與「限量銷售」之間應相互適應，適時掌握。

「高利潤」並非定價越高越好，它必須控制在市場能接受好價格限度之內；「限量銷售」並非銷量越少越好，而是將銷量和一定的市場供求狀況聯繫起來，並能實現較佳的經濟效益。

採用高利潤限量銷售定價策略有三個約束性條件：

(1)在市場上無十分相近的競爭者，以致於能維持高價格局面。

(2)需求彈性缺乏，如果要增加一定幅度的銷售量得以更大幅度降低為代價，或減少一定幅度銷售量須更大幅度提高價格。

(3)降低價格所損失的利潤大於擴大銷售量所能得到的利潤。或者說，透過增加的銷售收入，扣除成本增加和應多繳的稅金後的利潤增加不及直接提高價格、減少銷量所多得的利潤。

三、階段性定價策略

階段性定價策略，就是企業根據商品所處市場壽命週期的不同階段來制定價格的策略。這一定價策略主要是根據不同階段的成本、供需關係、競爭情況等的變化特點，以及市場接受程度等，採取不同的定價策略，以增強產品的競爭能力，擴大市場占有率，進而為企業爭取盡可能大的利潤。

不同產品週期的定價策略圖

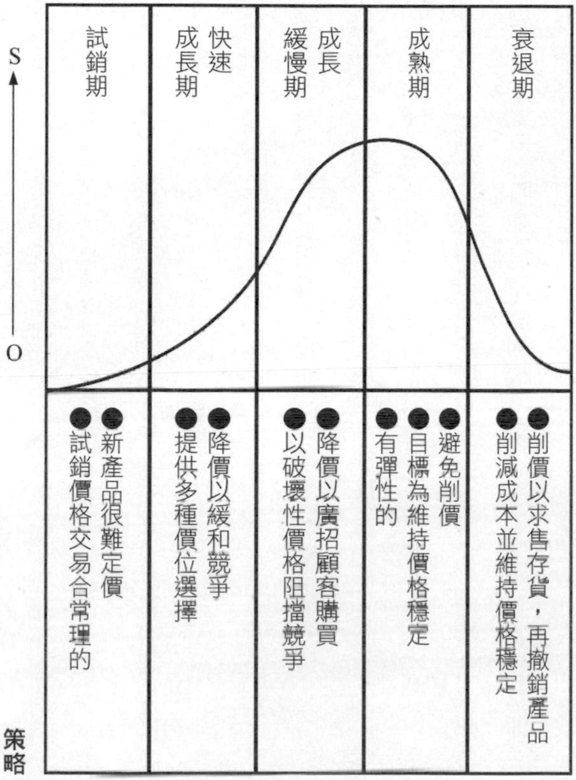

⑴導入期定價策略。在導入期中，由於產品剛剛投人市場，顧客尚不熟悉，因此銷量低沒有競爭者或競爭者很少。為了打開新產品的銷路，在定價方面，可根據不同情況及產品採用各種不同的價格策略。

其一，高價格定價策略的基本依據是：在消費者中間，有部分收入較高的人，對新產品有特別的偏好，願意出高價購買。對全新產品，或有專利權的新產品，一般可採用高價定價策略。

另外，對某些市場壽命週期短，需求彈性小，花色、款式翻新較快的時尚產品，如服裝、鞋、帽等，在進入市場時，如能吸引消費者，引起消費者的「新奇的心理」，使得需求度增大，也可採用高價出售，並迅速組織大批生產。

其二，低價格定價策略。低價定價策略是高價策略的反面，即有意把新產品價格定得很低，必要時甚至微量虧本出售，以增加銷產品達到占有市場，迅速擴大市場占有率的目的。

低價定價策略適用於如下情況：一是產品需求富於彈性，價格低能夠相應擴大銷量，或者說存在著一個大的潛在市場，能夠從增加銷量中獲得利潤，二是擴大銷售量和生產規模，能夠獲得實質效益，進而降低成本，增加利潤。

其三，中價格定價策略。以價格穩定和預期銷售額的穩定增長為目標，力求將價格定在一個適中的水準上，所以也稱穩定價格策略。主要適用於大量生產、大量銷售、市場較穩定的日常用品為多。

(2)成長期定價策略。產品進入成長期後，企業生產能力擴大，銷售量迅速增加，利潤也隨之增加。因此，成長期產品定價策略，一般是選擇適合競爭條件，能保證企業實現目標利潤或目標報酬率的目標定價策略。

(3)成熟期定價策略。產品進入成熟期後，市場需求呈飽和狀態，銷售量已達頂點，並開始呈下降趨勢，市場競爭日趨激烈，仿製品和替代品日益增多，利潤達到頂點。在這個階段，一般採用競爭定價策略；常用的手段是將產品價格定得低於同類產品，以排擠競爭者，維持銷售額的穩定或進一步增大。

採取競爭定價策略時，正確掌握降價的依據和降價幅度是非常重要的，一般應視具體情況而定。如果可以成功地使產品具有明顯特色進而擁有忠誠的顧客，仍可維持原價；如果產品無特色則可採用降價方法進行競爭，但降價要謹慎，以免引起價格戰或導致企業虧損。

(4)衰退期定價策略。衰退期是產品市場生命週期的最後階段。在衰退期，產品的市場需求和企業銷售量開始較大幅度下降，市場已發現了新的替代品，利潤也日益縮減。這個時期常採用的定價策略有維持價格策略和降低價格策略。

其一，維持定價策略。是指維持產品在成熟期的價格水準或將之稍作降低的策略。企業採取這種定價策略一是希望產品在消費者心目中繼續留有好的形象；二是希望企業繼續獲得一定的利潤。對於需求彈性較小的商品，多數企業會採用這種定價策略。

維持性價格的成功與否，取決於新的替代品的供給狀況。如果新的替代品滿足不了需求，那麼企業就可以維持一定的市場；如果替代品供應充足，消費者會轉向替代品。這樣會加速原有產品退出市場。

其二，降低定價策略。對於需求彈性大的產品，企業則可採取此策略，將價格降低到無利可圖的水準，從中將競爭者驅逐出市場。儘量擴大企業的市場占有率，以保證銷量、回收投資。降低價格一般只在成本水準上定價，有必要時，價格可降到等於生產產品的可變成本與稅賦之和。

四、產品組合的定價策略

企業通常都開發產品大類，即一組相互關聯的系列產品，而不是單一產品。產品系列中每一個產品都有其不同的外觀和特色。企業對產品大類定價時，必須考慮產品系列中各個相關產品間的成本差異、顧客對這些產品的不同外觀的評價以及競爭者的價格，等等。

(1)產品線定價策略。產品線是指由不同等級的同種產品構成的產品組合。企業在對產品線定價時，可根據產品大類中各個相互關聯的產品之間的成本差異、顧客對這些產品的不同的外觀的評價以及競爭者的產品價格，來決定各個相關產品之間的「價格階梯」。

如果產品大類中的兩個前後連接的產品之間的「價格差額」小，購買者就會購買更先進的產品，進而會使企業的利潤增加；反之，如果「價格差額」大，顧客當然只好購買較差的產品。

(2)連帶產品定價策略。連帶產品又叫互補產品。對這類產品定價要有意識地降低互補產品中購買次數少、消費者對降價反映又比較敏感的產品價格。另一方面又要有意識地提高互補產品中消耗最大、需要多次重複購買、消費者對其價格提高反映又不太敏感的產品價格。

(3)副產品定價策略。企業在生產肉類、石油產品及其他化學製品過程中，往往有副產品。如果副產品沒有用就要花錢處理它們，這樣就會影響主要產品的定價。因此，製造商必須為這些副產品尋找市場，並且應當制定最低價格，只要能維持副產品的儲運等費用。這樣，製造商就可以降低主要產品的價格，提高其競爭力。

(4)系列產品定價策略。對於既可單一購買，又可配套購買的系列產品，可實行成套購買價格優惠的做法。如僅僅一件西服上衣，可按原價出售；而一套的西服套裝，則可以減價優惠。這樣，由於成套銷售，可以節省流通費用；而減價優惠，又可以擴大銷售，加快流通和資金周轉，進而有利於提高企業的經濟效益。

(5)分級定價策略。企業將同一種產品，根據品質上和外觀上的差別，分成不同等級，選其中一種產品作為標準品，其餘依次排列，定為低、中、高三級，再分別定價。低級產品，使其價格接近產品成本，高級產品，可使其價格較大幅度地超過產品成本。

五、折扣定價策略

折扣定價策略是企業在一定的市場範圍內，以目標價格為標準根據買者的具體情況和購買條件，以某種優惠為手段，刺激銷售業者提高銷售本企業產品的一種價格策略。通常為企業採用的折扣策略有以下幾種：

(1)付現折扣。付現折扣是對及時付清帳款的購買者的一種價格折扣。在這種形式下，企業為了儘快收回貨款或把期票兌換成現金，對能以現金支付貨款或提前支付貨款的顧客，要根據具體情況，給予一定比例現金折扣。

(2)數量折扣。數量折扣是對購買商品數量達到一定數量的買主給予的折扣。一般來說，購買的數量越大，折扣也就越低。

數量折扣有兩種形式：累積數量折扣和一次性數量折扣。累計數量折扣是指在一定時期內購買的累計總額達到一定數量時，按總量給予的一定折扣。一次性數量折扣是指按一次性購買數量的多少而給予折扣的一種策略。

實行這種折扣是考慮到銷售量大可以降低產品的單位成本和運費；廠家可以把某些儲存成本轉嫁給購買者；加速資金周轉的速度等。然而，要決定最佳的批量和合理的折扣率往往比較困難。

(3)推銷折扣和代理經銷折扣。推銷折扣是製造商提供給批發商和零售商的人員銷售、廣告以及推銷活動的經費。代理商折扣是製造商付給分配系統中作為代理商公司的一種特殊商品折扣。

經銷商具有把買賣雙方聯繫起來的作用，因此應該從銷售額中得到作為這種工作的酬勞。

(4)功能折扣。功能折扣又稱貿易折扣，是由製造廠商向履行了某種功能，如推銷、儲存或帳務記載的貿易管道成員所提供的一種折扣。

(5)季節折扣。季節折扣是賣主向那些購買非當季商品或服務的買者提供的一種折扣。季節折扣使賣主在一年內得以維持穩定的生產和經營，在淡季獲得更高的銷售額。

(6)心理性折扣。心理性折扣是利用消費者喜歡折價、優惠價和特價的心理而採用的降價求售手段。當一種商品的品牌、功能、壽命等不為廣大消費者所瞭解、商品市場接受程度很低的時候，或者商品庫存增加，銷路又不太好的時候，採取心理性折扣，一般會收到較好的效果。但在採用心理性折扣策略時，折扣率必須合理，只有這樣，才能達到銷售的目的。

六、差別定價策略

差別定價策略是指依據不同顧客、地區、用途、季節等，對同一商品定出若干不同價格的策略。具體分為以下幾種：

(1)區域性差價策略。區域性差價策略是指根據不同地區對某種商品的不同需求彈性，確定該商品在各個地區的不同銷售價格。如對收入較低且需求彈性較大的地區實行低價策略；而對收入較高且需求彈性較小的地區實行高價策略。

⑵產品差價策略。產品差價策略是指依據同一商品不同規格、型號的不同需求彈性，確定其不同的銷售價格的策略。如對需求比較旺盛且需求彈性小的產品實行高價策略；而對需求不太旺盛但需求彈性較大的商品實行低價策略。這樣，既可以獲得因高價所取得的高額利潤，又可以取得因低價擴大銷售量而增加的利潤。

⑶季節差價策略。季節差價策略是指對一些季節性或流行性較強的商品，在其上市初期（也就是流行期）實行高價策略；而在其上市的後期則實行低價策略。

⑷顧客差價策略。顧客差價策略是指根據顧客的不同情況（如一般消費者購買與長期用戶購買與團體購買），同一商品以不同的價格出售。

⑸日期差價策略。日期差價策略是指在銷售某一商品期間，採用每天價格都不同的定價，即商品價格的高低都是隨機的。且在商品銷售中，每天都標出當日的商品庫存量，由此引起人們從速購買的心理。

⑹數量差價策略。數量差價策略是指根據購買量的多少確定銷售價格的策略。對一次購買超過一定標準的實行低價策略；而對一次購買量較少的零售交易實行高價策略。

(7)重複差價策略。重複差價策略是指為了及時處理或推銷某種商品，當將這種商品以低於原來價格出售時，將改變後的價格標在原價格牌上，用紅筆劃去原價（一般以橫杠劃去）。這樣能使顧客明顯看到價格的差別。零售商店常常使用這種重複差價策略。

(8)國際區域性差價策略。國際區域性差價策略是指出口國企業在國際市場上同時向幾個國家市場銷售同一產品時採取不同價格的差價策略。

企業實行「差別價格策略」，必須具備一定條件。這些條件主要有：

◆市場必須能夠細分，而且各個市場部分須表現出不同的需求強度。
◆以較低價格購買某種產品的顧客沒有以較高的價格反賣給別人的可能性。
◆競爭者不可能在企業以較高價格銷售產品的市場上以低價競銷。
◆細分市場和控制市場的成本費用不得超過因實行價格差別策略所得的額外收入。
◆這種做法不致使顧客產生不滿和反感，放棄購買而影響銷售。
◆各種差別價格策略不違反公平交易法。

七、心理定價策略

企業在定價過程中，必須考慮消費者在購買過程中的某種特殊的心理，進而激發他們的購買慾望，達到擴大銷售的目的。

消費者的價格心理主要有：以價格區分商品等級的心理、追求名牌心理、求廉價心理、追求時尚心理、對價格數字的喜好心理、對價格尾數的錯覺心理，等等。根據消費者不同的價格心理，企業定價應採用不同的策略：

(1)優質高價策略。這是根據消費者以價格區分商品等級的心理而採取的定價策略。一般來說，企業可對實用的消費品、以年輕人和文化程度較高者或擁有一定社會地位為主要顧客的商品制定適當的高價。這樣更能刺激消費者的購買慾望。

(2)廠牌名氣價格策略。根據一部分消費者具有名牌價格的心理，企業定價時應對這部分商品制定一種足夠排除一般消費者購買的高價，這樣能給這部分消費者帶來一種經濟富有、社會地位高的自豪感，使其自尊需要得到滿足。

(3)習慣價格策略。根據人們對基本生活用品所形成的習慣價格心理，企業定價時應採用習慣價格策略，即對基本生活用品按一個固定價格出售。一般講，習慣價格一旦形成很難再改變。其他企業如果製造或出售同樣產品，也應按習慣價格定價，否則就很難打開銷路。

(4)逆向定價策略。這是根據消費者「買漲不買落」價格心理而採取的定價策略，即在某類商品價格普遍上漲時，企業應對這類商品採取高價政策，而當這類商品普遍降價時，應制定低於同類產品的價格。

(5)價格數字偏好定價策略。針對消費者對價格數字的偏好的心理，企業定價時應掌握一定的技巧。如對歐美的消費者來說，商品價格應避免出現「十三」；對中國、香港、台灣及新加坡的消費者來說，商品價格應避免出現「四」；而有些價格數位如「八」則大可利用。

(6)零頭定價策略。根據消費者對非整數價格的信任心理和對價格尾數的錯覺心理，企業在對基本生活用品定價時，應掌握零頭定價技巧。當價格處於略高整數分界線時；最好將價格降為該整數以下的零數：如整數的價格，其銷量效果往往不如九十九元或一九九元的價格。一般來說，當消費者對商品的需求偏重於價格低廉時，宜採用零頭定價策略。

八、合理的制定服務價格

顧客購買服務時買的是一種承諾。服務業行銷人員在制定定價策略時，往往並沒有真正瞭解顧客如何使用自己所購買的服務，並從中獲益。結果，顧客對自己支付的服務價格心存疑慮，不知道它是否物有所值。要按價值定價，服務業行銷人員應首先明白目標市場的價值構成。他們的行銷目標就是要透過定價明確無誤、令人信服地揭示並傳達這一服務價值觀念。

服務定價有三種方法：滿意度定價法、關係定價法和效益定價法。它們各不相同，但密切相關，都傳達了服務的價值。

☑滿意度定價法

任何購買行為都會有一定的疑慮。滿意度定價法旨在降低顧客的疑慮。企業可採用多種方式來做到這一點，如服務保證和著重利益的定價。

服務保證是企業給顧客的強力定心丸。即使他們最終對服務不滿，這種保證也會對他們所受的不滿給予補償：降價或全額退款。

然而，企業不應輕率採用這種策略，因為服務保證是一項大膽措施，實施前必須徹底分析實施的緣由及可能帶來的風險。

美國第一銀行就是個成功的例子。該行曾處於一個非比尋常的處境中，被迫設立一個信託部。一九八九年，它購買了德州一家破產銀行。這家銀行早已賣掉了其信託部。

第一銀行開創信託部的經理們堅信，只有定位在卓越服務才能使自己的業務具有競爭力。由於創業之初全無聲譽，吸引不了潛在客戶。高級經理決心無條件實行服務保證：顧客只要對服務不滿，銀行分文不收。結果，一九八九至一九九五年間，四、五百名顧客中只有七位不滿服務並獲銀行全額退款。

如今，美國第一銀行德州信託部是全美發展最快的信託銀行之一。顯然，該行的服務保證策略減輕了顧客對其服務的疑慮，同時為員工增添了一股強勁動力，使他們努力滿足顧客的期望。

著重利益的定價就是對服務中顧客能直接受益的方面做明確定價。這樣的結果是，顧客通常比服務的價格與它所傳遞的利益毫無關聯時，更滿意、更安心。

以電腦網路資訊服務為例，其複雜的定價系統常為人詬病。使用這些服務的顧客常常是按上網的時間付費，但顧客真正看重的價值是在網上讀取的資訊。這樣，價值的創造與定價就與消費者的想法差距太大。

歐洲網路資訊業的主要企業艾斯恩公司採用了「按資訊定價」的定價結構時，發現顧客的查詢行為出現了幾個顯著變化。以前按上網時間計價時，顧客很少使用「下載」這一實用但耗時的功能。改用以查取的資訊量計費的新法後，「下載」功能的使用率提高了兩倍。用戶一般上網的時間更長，瀏覽的範圍更廣，卻感到更輕鬆、更滿意。

☑關係定價法

如果服務企業能與現有顧客更長久的多做生意，就會有顯著收益。同樣道理，顧客如果能與高風險服務的可靠供應商建立關係，也會受益匪淺。

服務業行銷人員可以發展創造性定價策略，給顧客某種激勵，促使他們加強與自己企業的銷售關係，防止競爭對手的拉攏。

行銷人員還可運用長期合約加強與現有顧客的關係或發展新顧客。這種合約能徹底改變業務的交易方式，把一次次相對獨立的交易活動變成一系列持續的互動行為。

同時，這種穩定的收入使提供服務者能夠集中更多資源在自己提供的價值上與競爭對手拉開距離。

聯合貨運公司（UPS）承接帝吉郵購公司的大部分訂單已近三十年。一九九四年，它與帝吉公司簽定了一份三年期的合約，成為這家郵購零售商的主要承運商。為了贏得這份多年合約，主動提高運送效率，使帝吉公司的平均運送時間減少了五十％。雖然運送的時間縮短了，運費卻分文未漲。

組合定價法將兩種或兩種以上的服務合在一起銷售。這種價格激勵方式使顧客相信，一起購買這些服務比分別購買便宜。

組合定價法能降低成本。提供一種附加服務通常比單獨提供另一種服務成本低，而且還能增加服務企業跟顧客的聯繫。與顧客之間的聯繫越多，就能更準確的掌握顧客的資訊，發掘顧客的需求。

☑效益定價法

確定成本、管理成本和降低成本是效益定價法的基石。由此節省的成本，部分或全部以低價格形式轉給了顧客。要使這種方法有效，這種更精練的成本結構必須讓競爭對手在短期內難以效仿。而且，這種轉給顧客的成本必須真正能增強顧客的價值觀念。

成功的服務業行銷人員將越來越多地採用滿意度定價法、關係定價法和效益定價法，並利用競爭對手來暴露定價策略中的缺陷。一些富有創新精神的競爭者更會將這三種策略結合起來。經理人可透過以下問題來評估自己企業的定價缺陷：

◆你所有的價格是否便於理解？

◆這些價格是否是顧客看重的真正價值？

◆你的定價是否鼓勵顧客與自己多做生意並忠於自己？

◆你的定價是否增強了顧客對自己企業的信任？

◆你的定價是否減輕了顧客在作購買決策時的疑慮？

只要對上述任一問題的回答是否定的，都必須仔細地重新評估企業的定價策略並制定更為廣泛的行銷策略。卓有見識的服務業行銷人員具體實施的定價策略可能各式各樣，但都是為了一個共同的目標：創造並傳達服務價值。

第二節 實戰價格競爭技巧

一、避開對手的強大攻勢，出奇制勝

很多企業喜歡打「遊擊戰」，大幅削價，大力推銷，重金聘請對手的員工。這種遊擊戰術經常難以達到預期效果，它常會激怒競爭對手。對手一旦組織強力反擊，勢必導致一場大混戰，雙方都會遭到損失。沒有堅強後盾的一方必定大傷元氣，輸得一塌糊塗。在現實中，也往往是打「遊擊戰」的一方敗北。

實際上，真正成功的超級經理人往往依靠出奇制勝，很少與強大的競爭對手正面迎戰。他們避免與對手進行肉搏戰，因而能出奇制勝，脫穎而出，長盛不衰。

在今天，價格戰已為商家和廣大消費者所熟悉。低價格常是一些企業的優勢所在，許多進入市場較晚的企業常以低價推出產品來打開市場，同時也可以衝擊原已在市場

中居優勢地位的企業。美國的霍布萊公司就遇到了這種氣勢洶洶的正面衝擊。

霍布萊公司素享盛名，它生產經銷的斯密諾夫伏特加酒聲譽佳，銷量大。當時，有一家酒廠推出不同類產品，而且每瓶的價格比霍布萊公司低一美元，該公司的產品一下子就打開了銷路。

面對這種強大的挑戰，霍布萊公司的決策卻出人意料，斯密諾夫伏特調漲一美元。這是因為公司的總經理認為，如果捲入價格戰，不僅會造成巨額的損失，也會損害公司的形象。該公司做出這一決定的結果更出人意料；產品銷售絲毫未受影響，消費者認為高價必是好貨。

霍布萊公司抵擋住衝擊後馬上進行了反擊，推出兩款新的伏特加，價格與競爭者的價格相等或比競爭者低一美元，就這樣，霍布萊因公司擊敗了競爭對手。二十年過去了，競爭對手僅占有六分之一的市場，而斯密諾夫伏特加仍享譽全國。

「薄利多銷」是很多人所熟悉的經商哲學。很多人都希望透過為產品定較低的價格，達到使自己的商品暢銷的目的。有時，他們甚至把產品的售價降到很低也在所不惜。他們認為，如果把售價定得稍高於成本價，就可以爭得比較多的顧客，達到獲取高額利益的目的。

然而，這種認識也許過於天真。價格不是唯一的競爭因素，而且薄利也未必能達到多銷的目的。在絕大多數情況下，可能只是一種一廂情願的美好願望而已。

目前，你只有盡可能地把價格定得有競爭力，但是也不能把價格定得太低，否則，當顧客數量太少時，就會連最低的收入也維持不了。

企業在發展壯大中，可以給一些大客戶打一些折扣。這樣做，有利於你把市場上的競爭對手擊潰。可是，在開始時，你萬萬不能期望有大額銷售，也不要依照這一期望定價。

如果你的競爭對手十分強大，而你卻相對弱小，則即使他首先降低價格，你也不要捲入。你沒有能力去打這場價格戰。因為他比你強大得太多，他能承受因降價造成的損失，而你卻無法承受。

你應當從別的方面來鞏固你的市場地位，比如，改良產品，提高產品等級，主動進行社會服務，或者採用購物贈品的促銷手段。這些方法也能達到保住你的老客戶，甚至進而獲得新客戶的目的。實際上有不少企業都是這樣成功的。

你也沒有必要因對手推出了質優價廉的產品而悲觀失望。當有的人推出的產品與你的產品極為相似或相同，價格更為低廉，品質、外型和產品性能更完美時，對你的企業的確是一種相當大的威脅。但是，如果你能為產品定出更合理的價格，使產品更富有競爭力，這種情況就不可能打倒你。

因為，別人商品的定價比一般低，可能是臨時用來吸引顧客的權宜之計，也可能是「失之東隅，收之桑榆」的商場策略。你完全可以在結果出現之前妥善應付，不必過於悲觀。最終的結果未必是你一定要失敗，鹿死誰手，還要看你如何去運籌帷幄。

成功的經理人會設法不讓價格成為太引人注目的東西，而是要突顯其他方面，如品質和服務，使你的產品來擺脫此種困境。避開競爭者的強項，集中力量專攻其沒有做到或做得不夠好的地方，這是很多企業家的成功經驗。這比以薄利多銷的銷售方式更為有力。

二、作好成本控制與降低成本

企業的目的就是使財富和利潤的增值實現最大化。而要達到此目的，一般而言有兩個途徑：一是增加生產，擴大產量；二是降低成本，增大利潤。這兩者在情況同等的條件下，後者通常風險最小，見效最快。透過降低成本，可以使企業在不增加投資的情況下增加收入，還可以提高產品的競爭力。

美國鋼鐵大王卡內基說：「降低了成本，就等於增加了利潤。我能使鋼鐵的售價比你們任何一家的都低，用低價來搶占你們的生意，什麼時候我需要市場，市場就是我的。」

享譽全球的報業大王默多克就依靠在控制成本上下功夫，擊敗競爭對手而崛起的。

一九八四年六月，默多克買進聖里吉斯公司五・六％的股份。這家公司是個生產紙張的公司，自一九七六年以來一直為他的公司提供報紙用紙。其實在此之前，他已用一千九百萬澳元的價錢買下了澳大利亞湯斯維爾的《每日公報》，這便在北昆士蘭確保了一塊印刷基地。有這樣兩個後盾，默多克報業的成本也有了降低的基礎。

一九八五年底，默多克在倫敦東區港灣附近建立了一個巨大的新廠，以脫離報業印刷工會的控制。這是自一九八一年他買進《泰晤士報》後，第一次在一所印刷廠中印製他在倫敦的所有報紙。他終於將《太陽報》、《世界新聞報》、《泰晤士報》合併到一個印刷廠中。

一九八六年一月，默多克宣佈將其所有報紙的生產從它們長期以來所居住的布弗里街和格雷斯路，搬到倫敦東區的新工廠。印刷工會聞訊後暴跳如雷。其他的印刷業者，如全國印刷協會和印刷聯合協會立即舉行罷工。像其他對默多克估計不足的人一樣，他們此舉反而成全了默多克。藉這次罷工，默多克得以從這兩個印刷工廠解雇五千五百名工人，並在一月的最後一個週末帶領僅僅七百個工人進駐工廠。這一舉動不僅是在一夜之間進行的，它還為默多克節省了大量的裁員費用。

遷入新廠的一大益處，是默多克的英國報紙的生產成本得以大幅度削減。由於裁減了國際新聞公司（默多克新聞公司的所屬公司，擁有其英國報紙）的工人，默多克每年可以節省八千萬至一億英鎊。

《假日泰晤士報》或許會得到豐厚的利益，在此之前它是在格雷斯路的陳舊的印刷機上印製的。《假日泰晤士報》的銷售數是一百三十萬份，當時已是倫敦銷量最大的假日報紙，但那些印刷機最多只能印八十頁。在紐約，默多克每星期天可以閱讀送上家門的厚厚的《紐約時報》。搬進新廠後，默多克能將《假日泰晤士報》的頁數增加到二百頁，這在篇幅上將超過《紐約時報》。

那些嶄新的印刷機可以讓安德魯・尼爾主編對其讀者和廣告商誇口說：「從現在起，《假日泰晤士報》將『砰』地一聲重重地落在您的門前。」默多克脫離舊的印刷廠這一舉動，很快引起國內外輿論的注意。在英國，人們把這場爭端和雷根總統一九八一年解雇參加罷工的航空交通管制員一事相提並論。雷根的舉動在美國的勞資關係史上開創了一個意義重大的先例。

默多克此舉改變了報業及印刷業的面貌——長期以來那裡的工會組織被譽為世界上最難應付的工會。由於工會的禁令，人們走進街上任何一家報社的編輯室時，從來就看不到一台電腦。印刷工會要求資方的雇員超過工作所需要的人數的這一做法，幾乎是家喻戶曉的。印刷廠裡總是人浮於事，因為工會拼命維繫那種已經過時的分工制度。

當變化來臨時，很少有人對印刷工會表示同情。連那些傳統的工會支持者，也沒有表示異議。《衛報》被認為是最自由化的日報，也是《泰晤士報》的主要敵手之一，它也宣佈將裁減工人。人們傳說，一些其他英國報紙也如法炮製。

《衛報》總編羅奇稱此事件是一個分水嶺，他說默多克讓新聞行業重新出發。他還補充道：「我對五千人失業而得不到補償金感到遺憾，但我對默多克的計劃及其表現出的剛毅又感到欽佩倍至。」

控制與降低成本使默多克打了一場漂亮的企業戰，也奠定了作為跨國傳媒帝國盟主的地位。

三、低價也要維持盈利

低價無疑會增強企業的競爭力，但是，如果不採取相對的措施，設法節省開支，公司就沒有盈利，這樣的低價就無法持久。

美國的獅王食品公司在美國的東南部地區經營著八百餘家連鎖商場，而且每年還要新開業近一百家商場。目前，它擁有三萬五千名員工，年銷售額為四十億美元。獅王食品公司自成立以來，不僅在競爭激烈的超市行業中站穩了腳步，而且每年以平均二十%的增長速度擴大。誰又可曾想到創業之初，公司差點倒閉，後來果斷改變策略，終於起死回生。

其實，獅王食品公司的成功祕訣眾人皆知，種類齊全、價格低。但是別的公司照此方法卻不靈驗，也達不到獅王食品公司的水準。該公司在價格低這一點上成為全美消費者的口碑，公司以僅略高於成本價、甚至有時以低於成本價的價格令購物者聞風而至。

最難能可貴的是，別的公司僅在年底時才削價出售商品，而獅王食品公司卻能做到「天天在降價」。這種傾盡血本討好消費者的做法不但沒有使獅王食品公司元氣大傷，反而讓該公司獲取了巨額利潤，其間確有耐人尋味之處。

獅王食品公司的歷史可追溯到一九五七年十二月，當時凱特納・拉爾夫、凱特納

・布朗和史密斯三人合夥在北卡羅來納州的索爾茲伯里開設了一家名為「都市食品」的超級市場。這三個夥伴以前就在一起經營食品雜貨生意，那時他們都是在凱特納父親的商場中工作。可後來父親的商場被迪克西公司買下了，三個夥伴處處受到新老闆的排擠；於是，凱特納兄弟和史密斯決定另起爐灶，開設自己的超級市場。

他們三人找遍了在索爾茲伯里的親戚和朋友，遊說大家投資幫助他們創業。好不容易湊足了必要的資金，於是「都市食品」超級市場開張了。

然而商場的經營狀況與三夥伴的期望相去甚遠。開業後的近十年中，商場的生意極為清淡。周圍的一些大商場對批發商施加壓力。不讓他們給都市食品超級市場優惠折扣，這使得三夥伴的利潤更加少得可憐。商場幾乎到了門可羅雀的地步。

在這艱難的十年中，三個夥伴也絞盡腦汁想了一些辦法，拼命想把顧客引進商店。他們先後嘗試過送贈品、抽獎、提供免費的早餐、折價券、邀請美女在商場門前做表演等多種方法，使盡了渾身解數。可是顧客對都市食品公司依舊反應冷淡，到一九六七年開業十週年，公司名下的商場只有七家。這在當時飛速發展的美國零售業中，可稱為一個不成氣候的小公司。

公司慘澹的狀況深深地刺痛了拉爾夫，他決意尋找一個從根本上扭轉頹勢的方法。

一九六七年，他帶著公司近半年來的銷售記錄和一個計算機，隻身前往北卡羅來納州的夏洛特，住進一家僻靜的汽車旅館。他在門上掛起「請勿打擾」的牌子，把自己反鎖在這個幽暗的房間裡整整三天。

當衣衫不整、雙眼血絲、滿臉鬍渣的拉爾夫走出房間時，他的手上拿著一張拯救公司的藥方，把公司貨架上三千餘種商品大幅度削價，只要銷售額能上升五十％，公司就仍處於盈利狀態。

這是一場攸關生死的賭博，都市食品公司這樣一個小公司竟然敢搶先挑起價格戰來與大公司爭奪顧客，在許多人眼中看來無疑於玩火。但拉爾夫對他的合夥人說：「反正我們快不行了，與其等死，不如最後拼一次。」

都市食品公司接受了他的提議，把公司的商品大幅度降價。在商品上貼上印有「北卡羅來納州食品最低價」字樣的標籤。這一口號和標誌迅速出現在電視、報紙和大街小巷，人們都知道了都市食品公司以全州最低價出售商品。

顧客蜂擁而至，他們都想把握住這個千載難逢的機會，誰都不願與之失之交臂。因為顧客認為這是都市食品公司在關閉前回收資金的大拍賣。

但出乎顧客預料的是在「大拍賣」後的第一年，都市食品公司仍以北卡羅來納州食品最低價經營著。第二年依然如此，第三年不僅沒有倒閉，反而還購入幾家中小型商店。

事實證明拉爾夫的方法靈驗了。其祕密就在於都市食品公司絕大多數商品以僅比成本高出些微的價格經營，而一小部分商品以低於成本價經營。這一小部分卻對顧客有巨大的誘惑力，把顧客引進了商場，進而促進了那些占大多數的薄利商品的銷售。大量的薄利的累積，不僅彌補了小量的虧本，而且使公司在整體上處於盈利狀態。

都市食品公司這個小公司立即被各大零售公司所關注了。一九七四年，比利時第二大超級市場連鎖公司獅王公司買下了都市食品公司的大部分股權，將該公司收入名下。但獅王公司卻一反以前由母公司出人經營子公司的做法，邀請拉爾夫繼續在都市食品公司任職，為期十年。

在母公司強大財力的支持下，拉爾夫使都市食品公司踏上了成功之路。一九七七年，公司成立二十週年時，名下擁有五十五家商店；而到一九八七年三十週年時，公司名下商店已多達四百七十五家。

都市食品公司的以低價換取利潤的做法大獲成功後，不少零售公司紛紛效仿，但只經營幾個月就發現支撐不下去了。人們非常奇怪，為什麼別的公司虧本的生意卻在都市食品公司成了盈利的生意呢？

其實，都市食品公司能夠長期維持低價的訣竅很簡單，就是節儉。公司的員工設法從進貨、運輸、管理、經銷等各個環節節省開支，把公司的經營費用壓縮到最低點。以下幾個例子可使人們對此窺其一斑。

獅王食品公司在日常經營的點點滴滴中把費用壓下來。香蕉包裝紙箱一般是比較結實的。所以在香蕉擺上架後，公司的員工又利用這些包裝箱去裝載化妝品、保健用具。當這些箱子已有些破損時，員工們又用它去裝冷凍魚蝦。最後這些反覆使用多次的包裝箱被集中起來，出售給回收公司。

獅王公司還打破了傳統的商品庫存與銷售的比例，加大進貨數量，以便從批發商那裡獲得更多一些的優惠折扣，使商品成本下降。

根據美國《商業週刊》統計，美國零售業的經營開銷一般來說要占銷售額的二十一％左右，而獅王食品公司的經營費用只占銷售額的十三％左右。

到二十世紀八〇年代末期，獅王食品公司已成為美國零售業中屈指可數的龍頭，憑藉高額純利和龐大的市場占有率向其他零售業大公司發動爭奪市場的攻勢。

一九八七年，獅王食品公司向自己的老對手迪克西公司占有的佛羅里達州進攻。

因為該州人口數量一直處於增加之中，顧客購買力極強，而且迪克西公司一向推行高價高利的經營政策，所以獅王食品公司認為佛羅里達州是理想的擴張市場。

當佛羅里達州的新商店還在裝修之中時，獅王食品公司就在該州的各新聞媒介上推出「我們節儉一些，你就省下許多」的宣傳口號。當設在佛羅里達州的三家新商店開業時，蜂擁而至的顧客把商店擠得水洩不通。在收銀處不得不雇用專業保全人員來維持秩序。顧客在商店內買了東西後，卻要跑到商店外開始排隊，等著再進商店付款。

四、用低價位贏取大市場占有率

紐約大學市場學教授戈希說：「一般人對於買便宜貨感到非常興奮，覺得自己比別人要聰明。」

確實，一般的消費者都追求物美價廉，若企業在產品品質過關的情況下實施低價位策略，則有利於掌握市場控制權，增加企業產品的銷售量和銷售額，「低價位，大市場」的行銷策略有著兩方面的優勢：

(1)從單一產品利潤率來看，可能會有所降低，但由於低價位擴大了產品的銷售量，所以企業的總利潤水準反而有可能大幅度的提高。

(2)即使單一產品的利潤率為負，但由於提高了企業的市場占有率，排擠了競爭對手，從長遠看，也有利於企業掌握市場的主導權。

「低價位，大市場」行銷策略的本質在於採取比競爭對手同類產品更低的價格來銷售產品，以此獲得競爭優勢，提高自己的市場占有率。其關鍵點在於薄利必須多銷。這就要求企業產品的價格彈性要比較大。

需要說明的是，這裡所指的產品價格彈性，不是指整個行業的產品價格彈性，而是就某個單一企業而言的。因為常常存在這種情況，雖然整個行業的產品價格彈性很小，但對單個企業而言就情況不同了。

由於占據了競爭對手的市場，雖然整體市場需求沒有發生變化或者變化很小，但對單個企業而言則有可能表現為，消費者對該企業產品需求的大幅度增加，進而表現出企業產品需求彈性的較大伸縮性。因而，只要消費者對產品的價格有較大的選擇性，對價格比較在意，則實施低價策略就能吸引更多的顧客購買本企業產品。一般而言，針對一般消費者的產品可實施「低價位，大市場」的策略。

當然，實施「低價位，大市場」行銷策略，除了產品是針對一般消費者這一前提之外，企業本身還必須具備以下兩個條件之一：

(1)本企業產品成本比競爭對手低，或者採取措施可以大幅度降低成本以取得相對於競爭對手的成本優勢。

(2)對於以低價位來排擠競爭對手的企業而言，還必須具備雄厚的資金實力。價格戰是一把雙刃劍，沒有雄厚的資金作後盾是萬萬不行的。例如，對於規模經濟效益顯著的行業，企業就必須擴大產銷規模，提高市場占有率，以取得規模經濟效益。因此，以雄厚的資金作後盾，實施「低價位，大市場」策略就是可行的。

二十世紀三〇年代，百事可樂公司就運用「低價位，大市場」行銷策略，取得很好的效果。

三〇年代世界資本主義國家出現經濟蕭條，美國也難逃厄運，百事可樂乘機向競爭對手發起猛攻，將當時最高價為十美分的百事飲料降價一半；也就是說花五美分就可買到一瓶十二盎司的百事可樂，而去買可口可樂只能喝六．五盎司。

百事可樂對此大作廣告，根據一首古老的英國打獵歌《John, Peel》重新填詞：「百事可樂真可愛，份量十二盎司，實實在在，花上五美分就能買一瓶，百事可樂對您竭誠相待。」結果百事可樂大獲成功，市場銷售額大幅度提高。

必須強調，施展價格行銷策略，一定要必須避開以下誤區：

⑴片面誇大價格在行銷中的作用。不少企業認為價格低廉的商品一定銷售好。因此，面對激烈的市場競爭不是千方百計地提高企業的技術水準，講究促銷策略，只把市場競爭的著力點放在價格競爭上，一味打價格牌。

事實證明，一個企業若沒有適合市場的產品及良好的整體行銷策劃，單一的價格策略是難於使企業達到市場行銷的目標的。

⑵無限度的削價競銷。季節性、時令性的衣服削價，無季節性的化妝品、日用品、家電削價，食品削價，建材產品更是競相削價。這種無限度削價的現象違背了價值規律，誤導市場的供需。過分的削價競爭給商家和消費者都會造成損害。不少被迫參與降價競銷的中小企業只得降低產品和服務品質以降低成本，往往直接損害消費者權益。有些行業因無限度削價競銷，企業不但無法擴大再生產，而且連生存都面臨嚴峻的考驗。

⑶定價過高，以價論質。某些高級、優質的新產品，當市場需求強勁時，可以採取適當的「高價策略」，以增加收益。但一些商家往往在新產品上市時，對消費者的接受能力和支付能力認識不足，定價過高，結果往往銷售量不足，導致企業虧損。

這裡存在兩種狀況，一是價高，並不完全意味品質高。如消費者嘗試你的新產品感到品質與價格不成正比後，就不會再度購買。二是即使產品品質好，還必須瞭解目標市場的需求量和消費力。

五、採用靈活多變的定價模式，保障適當的利潤

巴黎證交所附近有家小餐館。它的菜根據點菜人的多少定價。如果點一道菜的人多，這個菜就貴；點的人少，價格就便宜。顧客可以查看店內的電腦，在點菜時鎖定一個價；也可以冒險到結單時賭個好價錢。不過，顧客和餐館所承擔的風險都不大。每天上下浮動的最大差額不過六法郎，還不到一美元。但顧客可以一試運氣，嚐嚐投機的樂趣。對店家來說，也可以賭一賭能賺多少，因為就算是最低價也包括了成本和一定的利潤。

這實在是一個不錯的行銷策略，也是一堂生動的行銷定價課。這家餐館的主人認識到，並不僅是靠成本加利潤算出一個模式就可以定出一個適當的價格。你可以有一個價格模式。但是，如果盲目遵從一個固定模式，只能對你的業務帶來破壞、使你毫無利潤可賺，甚至把你趕出市場。

影響你終端定價的因素有很多，如產品、市場、經濟條件等。如果你能靈活應變，就可以像巴黎那家餐館主人一樣多賺一點。

在確定價格時，首先要考慮的是，用定價模式制定一個目標價格。最簡單、最直接的方法是找出與產品相關的所有成本，然後再加上毛利。比如，你的成本是每產品單位五十美分，你要五十%的毛利，即每產品單位的毛利為二十五美分。這樣，你的產品價格為七十五美分。

成本有兩部分，一為固定成本，一為可變成本。

所謂固定成本即租金、薪資、折舊、保險等。這些成本是你開業所必須支付的，不管你賣二十件產品還是二百件。如果把這些成本分攤到每個產品單位，銷售量就能起作用。

與此不同，整體可變成本則全看銷量。每多生產一個產品單位需要更多物料、勞力、銷售傭金等。因此，可變成本通常隨銷量上升。當然，我們還可以利用規模經濟。

價格的第三部分則是利潤。沒有利潤，自然無生意可言。這種定價模式還有很多複雜的變數，使我們必須重視其中一些成分或採用不同的定價模式。如果認為成本可能下降，你可以不看目前成本，而注重未來成本。抑或你是生產商，則會先看直接成本，因為它最容易確定。

不管你怎麼看，必須牢記的一點就是，一種定價模式只能建立在你擁有的數位之上。準確地瞭解成本是每一個新開業者特別感到棘手的地方。他們常常被設備失靈增加的成本、出乎預料的退貨或者呆帳弄得措手不及。

新開業者完全可以抄襲競爭對手的定價，而不必自己對成本做精確的計算。一旦業務正常之後，再去考慮自己的定價該比競爭對手高還是低。

然而，只有新開業者才能這麼做。其他人必須考慮所有成本，然後再加上不能放入成本加利潤模式的其他因素。

在定價時，首先要考慮的是一個最高價，即市場能夠接受的價格。

儘管美國輪胎生產商一九八一年比一九八五的成本上漲了四％，然而一九八五年的價格比一九八一年卻下降了七％。由於來自國外的競爭，它們的價格遠遠低於它們的成本加上適當的利潤。

另一方面，最低價格通常是成本不加利潤成分。在艱難時期或一些特殊時期，可能比這還要糟。

還有一個重要因素是你所在的市場。它的潛在需求量有多大？你是否被困在一個市場類型中？是否能挑選一種行銷策略，如大減價或提供全面服務以取得利潤？你是否有足夠資金可以進行大批採購以維持低價？

在這個最高價和最低價範圍內，另外還有許多其他因素會影響你決定定價高於還是低於目標價格。例如，你進入這個市場的時間長短、是否準備進入或退出這個市場等。

成本加利潤的定價策略不考慮願意出高價購買你產品和服務的顧客這一因素。幾年前，一家生產廉價杜松子酒的公司透過提高價格重新奪回了市場占有率。原來，它的杜松子酒主要銷往酒吧。但是，隨著酒吧的生意越來越差，家庭消費者日益增多，他們必須想法增加商店的銷量。結果，他們用新瓶裝舊酒，加價銷售。其中原理就是，顧客總認為價格高就是品質好。

在推出一個高級產品時，可以短時間內採用高價。方法是，先在一段時間內只瞄準一小批優質客戶層，隨後擴大市場並相應地按步驟調低價格。

電腦就是以這種定價策略推出來的，而且一開始十分成功。但從這一行業得來的結果讓我們發現了定高價的一個重大弱點，即競爭對手對這一市場的混亂競爭，價格下降的幅度和速度難以預料，可能兩敗俱傷。

還有一個更冒險的策略就是，對一種短期內供不應求的產品在需求旺盛的時候提高價格。但顧客對這樣一個趁火打劫的企業會產生許多負面印象。當需求平衡之後，你就別想顧客對你忠誠。

不過，還有一些場合你可以要求高價而不至於得罪顧客。例如，你生產一種產品有一段時間了，產量的提高使生產成本下降，同時資產也折舊了。但你不想與顧客分享利潤，而是保持原價不變，你開的價格是高於現行成本加上正常利潤。這時，你得留意由於高價格的動作而有競爭對手介入。

最後，假設你馬上要退出市場，可以利用這一機會，減少市場行銷費用而提高價格。雖然你會損失市場占有率（由於你將退出市場了也無所謂），短期內你可以從現有顧客身上得到可觀利潤。

六、名牌定價策略

任何產品都存在著如何定價的問題。產品價格的高低受多種因素的影響，主要有商品價值、品牌商標、供需關係、競爭狀況等。這些因素又常處於變化之中，因而價格策略是比較難於把握的難題。

產品的價格策略應當在維護企業和消費者雙方利益的前提下，將科學與實踐經驗相結合，這是制定產品價格策略的唯一宗旨。

☑「高價位，小市場」行銷策略

一般的價格理論認為，價格越低，則需求越大，低價格也成為企業競爭致勝、奪取市場占有率的一大法寶。但是，對於針對高消費者特定族群的名牌產品而言，這是一種錯誤的認識。對於這類名牌產品，應該實行「高價位，小市場」行銷策略。其原因如下：

(1)一般而言，優質價高總是受人們的歡迎。但在某些情況下，定了低價，反而可能引起人們的誤解，認為便宜不會有好貨，結果損壞了優質名牌產品的聲譽。為了區別於一般的產品，保持名牌產品的信譽，價格應高於一般產品，在此基礎上實行優質價高的策略。

(2)要清楚地認識到顧客的需要到底是什麼，以及顧客的價值標準是什麼。對於針對高消費者特定族群的名牌產品，顧客買的不僅僅是產品本身的功能，而且更看重於名牌產品的名氣，以顯示其高級的身分。在這方面，美國通用汽車公司的凱迪拉克分公司的例子是很好的說明。

對於凱迪拉克公司的人來說，他們製造汽車是理所當然的。但是，很少有人想到花了七千美元（三〇年代的價格）買一部新的凱迪拉克汽車的人，是為了得到一輛交通工具，還是為了得到聲望和高貴的身分象徵？從表面上看來，凱迪拉克公司是在和福特汽車公司、德國的大眾公司競爭，但事實並不這樣。對此，三十年代蕭條時期接管凱迪拉克公司的德雷斯達認為，凱迪拉克是在與鑽石和貂皮大衣競爭，凱迪拉克汽車的買主購買的不是一種「交通工具」，而是地位。

正是這種行銷見解挽救了正趨於衰落的凱迪拉克公司，在兩年左右的時間裡，儘管當時美國經濟正處於蕭條時期，但該公司卻成為一個主要成長中的企業。

(3)基於上面的分析，這種名牌產品的價格彈性非常小，甚至當價格降低時，市場反而有可能萎縮。因為有錢的消費者看重的是「名」，而對其價格是不太注重的。

(4)這類名牌產品從一開始便就是定位於高消費族群的，高價格也是這類名牌的一個形象。如果在價位上調降價格，實質上是在賤賣自己的形象。

(5)這類名牌產品雖然市場小，但由於高價位，利潤空間相當高，進而其利潤也相當可觀。

德國的BMW公司就成功地實施了「高價位，小市場」行銷策略，目前它仍處於全球最佳汽車廠商的地位。

在全球經濟恐慌時期，奢侈品銷售前景無疑黯淡，但在這種形勢下，BMW公司卻極其注意維護自己的品牌聲譽，採取「高價位，小市場」行銷策略，寧願放棄銷路，也不賤賣自己的形象；雖然其銷量雖比不上其他汽車公司，但其品質，信譽令消費者滿意。在最近一次對歐洲汽車產品質評量中，BMW公司各款車在各類指標排行中均列第一，賓士、福斯、奧迪和積架等車均在其後。

在景氣循環的大部分時間裡，銷售豪華車都有高利潤可圖。BMW公司對此深有感觸，所以它採取絕不降價銷售之策，始終維持著高價位形象。這一策略的實施，給它帶來豐厚的回報。摩根公司的汽車專家估計，每輛BMW的稅前利潤高達三千美元。

綜上所述，對於針對特定高消費族群的名牌產品，「高價位，小市場」行銷策略不失為一明智選擇。

☑名牌定價不能超出一定的限度

價格是消費者是否願意接受某種商品的重要前提。除了少數為高收入族群者不計較高低之外，大多數消費者都是薪水階層，他們不但要考慮商品的質與名，同時還會慎重地考慮其價格的接受能力。

但是有些企業卻存在著這樣一種觀點，以為名牌產品就是價格昂貴的高檔產品，只有高級高價，才能顯示「名牌」的價值，才能展現消費者的尊貴。他們只注重追求高級商品的開發，在給產品定價時，故意脫離實際地抬高「身價」，企圖以「高價效應」來創造「名牌」。一套名牌西裝一隻名牌手錶標價數十萬元，甚至一支小小的名牌唇膏居然也報價近萬元。

諸如此類，令人目眩。對於高高在上、可望不可及的價格，消費者只有敬而遠之，甚至有時還會產生抗拒心理，認為這是在「削凱子」，哪裡是在賣商品？如此高價，不但難以引起廣大消費者的認同，反而還會影響企業的形象，引起公眾的不滿。

☑用多等級的價格占領更大的市場

名牌應當是精品，但名牌不等於高級高價商品。企業要想使自己的產品成為名牌，沒有必要把目光專注於此。

麥當勞的漢堡是大眾化的速食食品，並非高級高價商品，但它以自己的品質成為世界名牌。光是麥當勞這塊牌子就價值三十億美元。

日本松下電器，世界公認的名牌，該企業對產品的價格定位是「我們的產品要像自來水那麼便宜，讓每個人都能享受得到。」

年輕人的象徵——牛仔褲，是一百多年前一位去淘金、想滿載而歸的猶太青年創造出來的。他把賣不掉的馬車帆布縫製成帆布褲，賣給淘金熱中的礦工，結果大為流行。它不貴，從來也不是高級商品，但它卻是世界性的。一個多世紀以來，不僅牛仔褲的熱度絲毫未減，反而穿它的人越來越多，現在一年的營業額高達三十億美元。

號稱「有路必有豐田車」的日本豐田汽車公司，能夠打敗美國的三大汽車公司，取得在美國市場的勝利，靠的不是高價，而是品質優、價格合適。其售價比當時市場上的美國車至少便宜三分之一。

事實證明，品質是名牌的支柱，眾多層次的消費者是名牌根植的沃土，市場占有率是名牌的真正效應。

為此，名牌產品制定價格時，必須考慮多方面因素。除了考慮產品的成本及企業盈利之外，還必須考慮消費者的接受能力，考慮競爭，考慮市場占有率，考慮企業的長遠利益。企業應當形成多種等級的名牌，制定不同的價格，以便占領更大的市場，得到更多消費者的認同，這才是產品成名的堅實基礎。

☑名牌的中等價格策略

名牌產品的中等價格策略，是指中檔產品的平價策略。企業在定價時應考慮社會生產成本、正常利潤和稅金等因素，使價格策略符合實際。像麥當勞、可口可樂等名牌，都是在這種價格策略的引導下走向成功的。

實施這種價格策略，一方面保證了企業的正常利潤，另一方面有利於企業擴大市場，參與競爭，吸引不同層次、不同收入水準的消費者購買本企業產品。透過擴大銷售額來提高產品的知名度和市場占有率，樹立良好的企業形象，成為名副其實的名牌產品。

總之，不論實行何種價格策略，企業都必須保證產品的品質。同時，制定價格策略必須著眼於企業的長遠利益，著眼於企業的形象和名牌產品在消費者心目中的地位。

第三章

準確的資訊是行銷成功的先導

第一節

注重市場情報研究，為企業準確決策奠定基礎

一九八九年，美國的庫爾斯公司的經理們得到消息：其競爭對手安霍伊澤・布希公司準備將其百威和Bud Light啤酒大量投入洛杉磯的市場，公司的經理感到十分擔心。

安霍伊澤・布希公司在美國東海岸和西海岸大作廣告和促銷活動，並擠占了庫爾斯公司部分市場比例，庫爾斯公司是美國三大啤酒公司中最強的，其次是米勒公司。洛杉磯一直是庫爾斯公司的大本營，在其大本營喪失市場占有率不但代價高昂，而且十分丟臉。

問題在於安霍伊澤・布希公司在其丹佛地區的分工廠是否有足夠的生產力來滿足其廣告時段和促銷活動之後所增加的需要，一家競爭情報諮詢公司利用公共資料回答了這一問題。該諮詢公司查詢了環境保護署有關安霍伊澤・布希公司廢水排放的檔案，根據安霍伊澤・布希公司廢水排放量而推算出其最大生產能力。推算的結果發現，安

霍伊澤・布希公司並沒有足夠的釀造能力來成功入侵洛杉磯地區。

庫爾斯公司原本計劃花數百萬美元來反擊安霍伊澤・布希公司的促銷和廣告運動，現在決定不必支出這筆費用，而把寶貴的資金用到了更需要的地方。

這個故事顯示了競爭情報的三個階段的工作：

(1)得到資訊：排放的廢水量。

(2)分析資訊：根據排放量推算出工廠的生產能力。

(3)利用資訊：庫爾斯公司決定暫時不進行反擊。

可見，公司的情報活動是非常重要的，它已成為公司經營活動中的必備部分。

一、拓展資訊管道

(1)搜集一級資訊。一級資訊也稱為一次資訊。一級資訊通常是直接得到未經處理的事實與資料。資訊源可以來自政府檔、公司的年度報告、公司對外消息發佈、公司財務報告、個人調查研究等。這些消息一般都是沒有經過人為加工的。

除非資訊源故意說謊，一級資訊源應被視為絕對準確的。但資訊搜集人員還是得隨時提防謠言或資料有誤等問題。儘管這些問題並不經常發生，但不是沒有。比如《華爾街日報》也常有當天公司總裁對華爾街分析員發表講話，引用了錯誤的資料，第二天又加以更正的情況。

你自己觀察到的資料也是一級資訊。如果你為了弄清某公司上夜班人數的多少，你在公司大門口數了進出公司大門的上下班人員的數量，這是一級資訊資料。你在商品展上聽到的東西，你在產品文獻上讀到的資訊也是一級資訊。

另外，政府的資料可以視作一級資訊。政府資料通常包括政府的檔檔案、年度報告、統計年鑑、問卷調查等多種形式。在政府制定遊戲規則的今天，重視政府文獻是你的成功保證。

(2)搜集二級資訊。二級資訊也稱為二次資訊。二次訊息是指經過人為加工的資訊。它通常包括報紙、雜誌、電視、廣播、網路等提供的資訊。另外，有關的研究機構的分析報告、有關的企業名錄也屬於二級資訊。

二級資訊與一級資訊不同的地方在於，一級資訊是原始的，未經人為加工選擇的，並且通常是完整的。而二級資訊是從更大的資訊源中有選擇地加工過的（如電視台的剪輯），或按一定思想傾向而更動過的，如研究機構的行業研究報告。

但這並不意味著二級資訊不如一級資訊重要或不如一級資訊準確。區分它們的差別只不過是為了在搜集資訊時要根據其來源和其經過的管道，給予它們不同的定義。

二級資訊有時比一級資訊更為有用，因為它經過加工後一般能做到重點突出，脈絡清晰，而且有些二級資訊反映了發表方的思想傾向，這對於我們來說是有用的競爭情報。另外，來自專業的分析研究機構的報告可能會使你受益匪淺，因為他們的市場分析工作做得很細微透徹，他們能給你提出很好的建議，讓你注意那些你應該注意卻沒有注意的東西。

比如，一家公司的總裁發表談話，預期他的公司業績在下一個年度增長二十五%，但專家根據自己的分析認為二十五%的資料太過樂觀，這對你意味著什麼？你可以從中瞭解到幾種東西。

首先，你瞭解到總裁的想法和外界的看法——兩種資訊都有用。如果你只看專家的評論，你可能不知道總裁提出的公司增長二十五%的理由，如果你只看總裁的講話，你可能不知道外界的評論。使用二級資訊的一個重要原則是可以將它同一級資訊對比，反過來一樣。對有關的一級資訊，盡可能瞭解有關的評論。當你搜集二級資訊時，你會對資訊源的差異有進一步的瞭解。

有的資訊很準確，有的十分詳盡完整，有的過於簡單，有的明顯帶有偏見，等等。

逐漸地，你會學會根據資訊發表的地方以及發表資訊的人而給予不同的二級資訊以不同的定義。

(3)創造性資訊。一級資訊和二級資訊都是可以比較直接得到的資訊，而創造性消息的搜集需要充分發揮你自己的主動性，透過一些間接的方法或非常手段才能獲得。

比如你是公司的競爭情報人員，公司總經理下令你去分析競爭對手的幾十個連鎖店中的某一個的營運狀況，你該從哪些管道得到這些資訊？首先當然是尋找一級資訊與二級資訊，你可以尋求新聞媒體上的資訊，但是對競爭對手某一倉庫感興趣的讀者可能只有你一人，報章雜誌不可能針對你一個人的需要，雜誌上的文章一般比實際發生的時間晚幾個月。政府機構的檔案，至少比它們編制的日期遲半年至一年才可能出版，時效性較差。在這種情況下你不得不考慮利用創造性資訊源作為補充。

我們該怎樣利用創造性的方法獲取資訊呢？如果你要調查一個剛成立的競爭對手的運作情況，而其有關資訊卻無法從公開管道快速獲得，你該怎麼辦？

不同工廠的人力資源狀況可以透過當地報紙的應徵廣告看出來。瞭解一個公司的財務狀況，你可以透過搜集的資料製做出該公司估計的損益表。詢問一下當地的原料供應商可能瞭解到其工廠的生產數量或銷售數量。利用這些創造性的來源，你便可以得到該公司的各種資訊。

二、認真整理，準確分析情報

情報活動事關公司的發展大計，但如何整理分析大量的競爭情報並得出正確的結論也是個問題。你搜集零星的資料時，你常不知道它們如何組成一個整體，只有你看到了所有的零星資料一個接一個地排在一起的時候，你才會看到整個形象。換言之，我們可以透過對原有競爭情報的分析、集中與組合得到。

美國最近幾年一種叫做「資訊整合」的公司的迅速發展，就是利用其資訊集中和組合技術（它們稱之為「資訊分析」）的結果。這些公司廣泛搜集企業信用、採購、地區人口統計等不同來源的資訊，透過組合統計做出預測模式。它們對現有的市場機會的發現、對未來機會的預測是一般企業無法一蹴可及的。

正因為有專業的商業情報公司提供訓練有素的資訊整合服務，這些購買情報服務的公司越來越富有競爭力，較一般的企業有非常明顯的競爭優勢。因此，情報工作也引起越來越多人的關注。

要做好競爭情報工作，必須做好以下工作：

(1)隨時留心搜集和保存資訊。競爭中不是缺少資訊，而是缺少發現。你必須發現資訊，資訊不會發現你。

(2)情報是經常性的工作。你必須長期地追蹤你的競爭對手。分析情報時要注意從全域、長期、動態的角度理解。

(3)競爭評估是一項動態的工作，資訊隨時間而流動。競爭對手會變，他們的競爭環境也會變，因此你必須持續地、以發展的觀點抓住競爭的要點，而不只是在策略規劃的時候才這樣做。

(4)競爭情報搜集應注意滿足短期和長期兩種需要。一是為解決某一臨時的問題或對管理層的臨時要求（比如為回答一個問題或為解決某一問題做準備）而搜集的情報，一是為長期的數據資料建立而搜集的情報。長期的數據資料建立工作通常是針對某一公司、某一產業不斷搜集資訊，並將它們輸入現有的數據資料，隨後不斷將數據資料更新，以跟上最新的發展。

第二節 在已經發生變化的競爭環境中，必須調整行銷方式

一、從全新的角度認識促銷

現代人對不同類型的促銷都很熟悉，只要我們一踏進某個銷售點，特別是大賣場，我們就能發現許多商品，它們的包裝、陳列、價格，成了促銷技巧的一部分。同樣，從我們的信箱內，某些報紙中，我們也可以找到一些促銷贈品，比如：折扣券、試用品……

這些大減價，大競賽，特別饋贈，遊戲，試用樣品，對某一產品來說，是盲目誕生的呢？還是專家們依據法律、講究策略的工作成果呢？在不同的時代之下，促銷的宗旨都應該是推動產品，增加銷售。

在美國，促銷已有多年的歷史，組織嚴謹。在法國，則一直到六〇年代才出現了

最初的定義，且變化不定。但它的迅速發展迫使各企業將之確認為一種特殊的銷售技巧。人們認為它不及廣告莊重，因為總是以一種次要的形式去使用它，或者把它看成是廣告的結尾部分。於是人們把它列入廣告預算之中。

就這樣，人們很快地在美國發現了廣告內投資和廣告外投資之間的差別。前者是指電視、報紙、廣播和張貼廣告，後者是指促銷和其他宣傳技巧。到了八〇年代末，後者占了美國企業宣傳方式的七十%，其重要性可見一般。很多年來，關於「促銷」的定義繁多但模糊不定。今天，權威機構的增多以及促銷市場的發展使得我們可以更好地界定一個基本完整的定義：促銷是指在某一產品的生命週期中，為了促進眼前銷售的增長，也為了發展新用戶而使用的一系列以市場三大成員（消費者、經銷商、售貨員）為對象的銷售技巧。

每個企業都擁有許多和消費者交流的手段及方法。促銷，作為宣傳謀略的組成部分，如何將它和廣告、公共關係、郵寄宣傳品、贊助區分開來呢？

廣告的目的是為了改變潛在顧客的態度，以引導他做出某個購買行為。廣告是以長期目標為宗旨，或最好是中期目標。

促銷的目的則是立刻改變消費者的購買行為。產品被暫時地冠以光環，即某種限定了的優勢。而這種促銷旨在將潛在的顧客轉變為實際的購買者。促銷活動一開始曾是「硬」性的（強迫推銷法）：價格驚人的降低、產品大跌價，等等，短期來看非常有效，但對企業而言，成本太高。

今天促銷活動已比較「軟」性了（軟式推銷法），沒有那麼一鳴驚人，但對樹立產品形象來說，更為有效。促銷透過硬性手段和軟式技巧的組合，在人們發現它的同時它便去有效影響顧客的購買行為，並且在產品和消費者之間形成一種相互影響的關係。

如果促銷滿足了消費者的期望，如果促銷和產品領域的情況相協調，那麼，促銷就會大受歡迎，同時也使企業能夠藉此以比廣告低得多的費用，向消費者傳遞友善、關心、忠誠之情。

二、大量行銷已經不合適宜

儘管大量行銷可能適應某個特定時期的需要，但是在已經發生變化的競爭環境裡，大量行銷已經不合時宜了。主要表現在：

(1)關心的是形式，而不是實質。主要的興趣在於為產品或服務創造某種形象，但是卻不願意下功夫確保產品、服務與形象相符。例如，花上數千萬英鎊宣稱在你的那個領域中，你是「世界上最受歡迎的」要比提供長期穩定的、持續的高水準服務容易得多，但後者卻能夠自然而然地吸引顧客。

(2)仿效廣告。有太多的廣告毫無新意，經常與競爭者甚至那些不同類別的產品混淆起來而無法區分。例如，一個製造商在他的電動刮鬍刀產品廣告上用了三年時間，花費超過了一千萬英鎊，然而調查卻顯示，觀看者誤認為廣告是為了一種著名香菸品牌所作的。電動刮鬍刀廣告正是抄襲了該品牌的創意。而廣告代理商堅持客戶在廣告上的開支，至少應當跟他們的競爭者一樣多，這也清楚地表明廣告代理商對其工作的創意根本就毫無信心。

(3)過於簡單。根據以往的大量行銷的邏輯，你應當為你的產品尋找十個獨特的銷售主張（USP）——你的產品不同於競爭者產品、優於競爭者產品的理由——不斷在你的行銷運動中宣傳你的銷售主張。這樣做的理由在於，只有當廣告資訊簡單並且不斷重複的情況下，顧客才會做出反應。隨著市場中競爭變得更激烈，顧客的辨識力也更高，簡單的USP方法就顯得侷限性過強、沒有什麼創造力。

(4)不適當的績效測評。市場調查有很大一部分的內容是關於衡量廣告的有效性，而不是評價顧客對於產品的實際滿意程度或對廣告中所宣稱的產品利益的信任程度。

顧客說喜歡你的廣告固然很好，但是，這卻幾乎沒有提供任何關於顧客對你的產品反應如何的線索。

(5)敵對與高傲。大多數的大量行銷活動，總是看不起顧客，試圖操縱他們，儘管他們自我標榜的與之相反。從許多廣告高傲的語氣和行銷部門與廣告代理商高人一等的態度中，完全可以反映這一點。

(6)職能導向。儘管組織已經開始打破職能間的障礙，圍繞顧客導向的流程重組企業，然而，許多行銷部門卻試圖置身於這些變化之外，保衛他們的職能領域。

(7)缺乏創新。每年都會湧現出上萬種新產品或新型號。其中超過九十％的新產品的生命期不會超過十二個月，因為幾乎沒有什麼新產品能夠提供顧客真正需要的利益或價值。絕大多數所謂的新產品只是在現有產品上進行了毫無創意和不被顧客需要的小變動，根本沒有什麼顯著差異。

三、推動行銷工作方式化的力量

(1)廣告的有效性下降。有統計資料表明，在西方工業化國家中，大多數人每天要看到兩千至三千則商業廣告資訊。在廣播、電視、廣告招牌、報紙和雜誌上充斥著相互競爭的廣告資訊。我們收到的絕大多數是所謂的垃圾郵件，這些郵件不僅不可能引起人們的興趣反而會激怒他們，通常這些郵件只會被直接扔進垃圾筒裡。

每天面對著廣告的騷擾，顧客對廣告資訊變得越來越無動於衷了。儘管我們每天都要面對這麼多的廣告，但是它們變成了無意義的背景雜訊，而不會吸引我們的注意力，因此其中的絕大多數我們都不會注意到。

有些評論者談論起「日漸濃厚的廣告文化」——顧客已經熟悉了廣告人擁有的各種小技巧，透過有力的廣告來推銷產品不再像以前那樣容易了。

許多行銷者認識到在行銷投資上贏得的收益是遞減的。有調查顯示，絕大多數的廣告未能跨入人們的意識門檻，即使人們的確注意到了某個廣告，多數人會主動抵制這條廣告資訊，因為他們認為廣告資訊不真實，因此反而會轉向競爭者的產品。

為了克服人們對於廣告的抵制，有一些廣告人放棄採用需要延續數月的廣告運動，轉而採納一種稱為「快速行銷」的技巧，這種技巧基於過度飽和的廣告，透過閃電式的促銷活動鼓勵顧客即刻試用他們的品牌。

在某些情況下，這種技巧被證明是有效的——但是對行銷者來說，採用這種技巧需要付出的代價太昂貴了。還有一些公司對廣告影響力下降現象的反應是更多地依靠促銷活動。據估計，在過去十年間，經常性廣告費用開支在企業行銷費用中的比例已經從六十%下降到四十%，而促銷活動（非經常項目開支）的開支則相對上升。

(3)媒體細分。今天我們擁有比以往更多的平面媒體、電視頻道和廣播電台。並且它們的數量仍在增加之中。另外，錄影和電視節目使人們能夠選擇他們想看的節目，以及刪除他們不想看的節目。當然，廣告商總是能夠在現有的各種媒體上散佈他們的資訊。但是，由於有了更多的媒體可供選擇，對廣告商來說，確保消費者接受到資訊變得更加困難了。廣告商曾經能夠在廣告活動中，定位商業廣告以確保數以百萬擁有某種人口統計特徵類型的觀看者接收到廣告資訊，但是現在這種確定性不再存在了。

(3)飽和的市場。今天絕大多數市場已經飽和了。大多數人已經擁有冰箱、電視、音響、洗衣機，等等。大多數的購買是用於替換，而不是首次購買。如果沒有重大的技術突破，在很多產品的領域，產品替換率並不足以支持生產量。因此，出現在一個市場上並且展開理性的廣告不再能夠保證組織的盈利性。市場中的競爭者和閒置的生產能力都太多了。

(4)消費者支出停滯不前。在經濟繁榮時期，消費者支出受到到處瀰漫的樂觀氣氛和隨處可得的廉價信用的刺激而膨脹起來。在高通貨膨脹的時期，消費有利可圖而儲蓄會招致損失。這是因為儲蓄的實際價值是下降的，人們認識到將他們的收入用於消費要比投資更加划算。

我們現在處於一個低增長低通貨膨脹的時期。過去數年中的經濟動盪以及持續的高失業率令消費者更加謹慎，傾向於將收入中更大一部分儲蓄起來。無論企業的領導人和政府官員們持有什麼主張，可以預見，消費者支出不會迅速回復到以前那麼高的水準。

在經濟增長時期，行銷的主要任務是贏得新顧客和提高產品使用率。大量行銷利用人們自以為是、自大或者不安全的心理來實現這些目標。但是當消費者支出停滯不前時，行銷的任務就要從贏得新顧客轉向確保現有顧客群的忠誠度。

(5)品牌貶值。在二十世紀八〇年代中，就如何在資產負債表中確定品牌價值的問題，各消費品生產企業曾經展開過一場大辯論。其中有許多企業認為，它們的主要品牌是價值不菲的資產，然而這筆價值在它們的資產負債表中，並沒有充分地反映出來。

然而，在九〇年代品牌遭受到了攻擊，隨著零售企業在許多市場中開始占據主導地位，零售企業的力量壯大起來。在有些國家，五家或六家零售企業就控制了七十%到八十%的消費者支出。如今，大型量販店能夠決定向消費者提供何種品牌。另外，隨著量販店之間為顧客展開競爭，一些量販企業本身就變成了商標，並且開始銷售起「自有商標」的競爭性產品，價格通常要比有品牌的同種產品低二十%。例如，一種廉價的「自有品牌」可樂在推出後短短幾個月內就贏得該超市連鎖集團可樂銷售量的二十%。

在許多歐洲國家，出售的食品雜貨中有二十%到三十%是自有品牌的產品。購買有品牌產品的主要理由在於顧客認定其具有穩定不變的高品質水準。當量販店把自己也定位於提供同全國性品牌一樣高的品質水準時，主要品牌的一個關鍵屬性就失去了價值。

對於大量生產有品牌產品的企業來說，突然失去十%到二十%的銷售額是一個災難性的事件，因為只有當這些企業能夠銷售大量的產品來抵消高額固定成本時，他們才會有利可圖。

然而，量販店對於能夠向他們供應自有品牌產品的廠商的需求給小型地方企業帶來了巨大的新機遇。這使小型企業能夠有機會再次與大型的全國性和全球性品牌競爭，而這些全國性和全球性的品牌曾經已經主宰了絕大多數的市場。

許多生產品牌產品的企業發現很難找出理由來說服顧客多花二十%的錢來購買它

們的產品——特別是當這種價格差異的大部分是直接源於廣告。然而來自於廉價的自有品牌產品的壓力迫使這些企業為了保護它們的市場占有率瘋狂地展開巨額預算的廣告活動和一系列的促銷活動。但是在實質上，這其實是一種自我打擊的行為，因為這既增加了行銷成本（因而降低了盈利性），又由於鼓勵了顧客看重特別優惠而不是品牌本身進而腐蝕了顧客忠誠。

在發達國家中，品牌的影響作用可能會穩定在比今天更低的水準上。然而，在發展中的國家中，隨著生活水準的提高，有能力購買名牌產品代表著成就和富裕，因此主要品牌會在那裡保持他們的價值，直到每個人都能買得起它們。然而，當其中部分市場被價值更高的無品牌產品占據時，品牌產品的銷售量也會滑落到一個很低的業績。

四、用新形態的行銷代替「大量行銷」

在行銷部門成長於「大量行銷」的時代，他們的任務主要是說服消費者接納公司提供的產品。大量行銷源於大批量產的邏輯——企業的產量越高，單位成本就越低，因而盈利能力和競爭力就越強。所謂大量行銷就是致力於銷售大批量產過程所產出的大量產品。

現在，那些成功的企業已經放棄使用操縱顧客的大量行銷的技巧，試著接近顧客，和他們一起工作而不再操縱顧客。顧客成為夥伴，而不只是工具。在那些有遠見的組織中，顧客和雇員一樣，開始被看作是「能做出某種貢獻的資源」，而不是毫無生氣的「被控制的資產」。

大量行銷的傾向性很明顯，旨在滿足行銷者的需要。新形式的行銷——「微觀」、「價值」或「關係」行銷——試圖能夠更加均衡，同時向行銷者和顧客提供利益。

第三節 重視顧客訊息，保障經營利潤

一、經營者首先必須要考慮利潤

商人是以賺錢為目的。企業家都是商人，都必須具備商人的頭腦，養成商人的習慣，時刻牢記利潤第一！有些企業家在經營中過於浪漫化，忘記利潤第一的原則，有時甚至會造成商業笑話。

美國胡佛吸塵器歐洲公司面對已經飽和的英國市場，為了再創佳績，在一九九二年下半年推出了一個促銷廣告：

買一台價值一百英鎊以上的胡佛牌吸塵器，將拿到一張去美國的機票（價值至少兩百五十英鎊）。在有些人看來，這簡直是個騙局，但是胡佛公司卻信守諾言。這一廣告一經打出，立即造成轟動效應，人們爭先恐後，英國的經銷商也目瞪口呆。轉眼之間，售出了二十多萬台。蘇格蘭的工廠也不斷加班生產，以便滿足需求。

然而，在創造了這個銷售佳績之後，惡果出現了，不僅美國總公司必須貼補出二千萬英鎊為客戶買機票，而且二手貨市場上到處可見出售「未拆封」胡佛吸塵器的廣告。因為英國每個家庭早有一台吸塵器，而當人們遊完美國歸來後，再賣掉它還很划算，換算下來只要五十英鎊就可以暢遊美國。

「短暫的銷售熱」過後，蘇格蘭工廠無活可做。總公司意識到這一促銷決策的錯誤，換掉了胡佛歐洲公司的總裁和市場服務部的總經理，蘇格蘭工廠的工人也被迫凍結工資兩年。

這就是典型的決策浪漫化，完全忘記了公司的目標是獲取最大利潤，而不僅是要單純地擴大銷售。

一位經理人未能讓同事確切瞭解他這個部門對利潤的貢獻，結果他預算最迫切需要的地方被削減。第一批受打擊的包括訓練，新產品發展、廣告、公共關係與員工關係等部門的經理。這是因為他們未能讓大家知道，他們與財務盈餘有直接的關聯。

即使一家公司從事的研究發展項目風險極高，負責的經理人也必須瞭解他們與公司的利潤息息相關。所有的公司都承認，投入研究發展的經費屬於風險性的投資，但它們從事這項投資時，還是希望所獲得的發現與資訊能導致未來的利潤。如果經過合理的時間，一項投資未顯示出結果，那就要承認虧損，設法從你的錯誤中取得教訓，並且選擇另一條行動途徑。

然而，很多經理人無法接受為他們設下的時間限制，因此他們逃避掉產生利潤的責任。他們未能看出的是，這跟他們越過敵線，為敵人擦槍並填滿子彈並沒什麼兩樣。如果你看不出你的活動與公司利潤的關係，你的處境已岌岌可危了。企業家在作決策時，要切記利潤第一，要切忌浪漫化。

二、根據他們給公司帶來利潤的多少區別對待顧客

隨著社會的發展，產品種類可能會更加豐富，但大部分只是現有種類的精緻化。生產廠商也正在減少。布萊恩說，成熟市場一般不允許超過五個競爭者，這一現象正在全球範圍內發生。他預測說，小型汽車製造商將被迫與人合併，或者消滅。那種認為權力正向消費者轉移的說法也許並不正確。看起來消費者似乎有了更多的影響力，但在大多數傳統產業中，製造商的數量越來越少，而權力卻越來越大。消費者的影響力只在極小的地方起作用。

內部管理受到深遠的影響。傳統的管理結構是為服務於一種關係而設計，即向大眾市場提供價格誘人的產品。隨著跨國公司追求建立多樣化的關係，它們將隨之需要多樣化的結構。

低成本低服務關係所需要的管理方法將與高成本高服務關係的管理方法截然不同。管理研究者們建議公司從內部進行分化。許多跨國公司獨霸一方，以致於市場開始承受不起，它們試圖從內部開始變革以應對市場的變化。這些應對策略可能問題叢生，因為其他跨國公司也正在採用外聘人才的方法並建立一系列不同的供應商關係以降低成本提高效率。其危險是這一系列的與顧客、供應商或投資商的關係將變得過於複雜。

然而，每一個市場難題都是一個改善管理的機會，正如布萊恩所說：「在商學院中，物流是成長最快的一門學科，而不是市場行銷、金融或人力資源，儘管他們也很重要。」

☑對顧客進行有效分析

「顧客至上」是常掛口邊的一句口號，但它的含義正在改變。商家們正試圖區分哪些顧客屬於「皇室成員」，哪些是中等的「貴族」，哪些是「普通人」。

技術的進步是這一變化的主因之一。現在可以更準確地追蹤顧客行為，進而瞭解哪些顧客是帶來利潤的。例如在銀行業，最常見比率是二十%的顧客帶來利潤，其中十%的顧客提供了大部分的收入。在這種情況下，就需要判斷剩下的八十%顧客中有哪些在將來可能帶來利潤，進而值得保留。

工業社會的高齡化是需要對顧客進行詳盡分析的第二項理由。由於不能依賴人口的增加來保障其利潤的擴大，商家不是刺激新的需求，就是從現有的顧客中創造更多的利潤。這幾乎是沒有什麼選擇的。你能說因為新的客戶越來越少，所以無法實現利潤的增長嗎？公司的投資者是永遠不可能對這樣的藉口表示同情的。

對顧客進行有效分析的障礙之一，是傳統的會計核算方法，即根據員工工作時間、機器使用時間等間接成本的內部分配來核算成本。人們採用作業成本管理等方法來改變這種做法並有效地用產品來校準成本。

但是，作業成本的計算仍由生產成本開始；它僅僅是與消費者需求結合起來而已。一種反向作業成本管理已愈來愈成為可能：觀察消費者的活動（被稱為消費行為而不是購物習慣），然後反向考察生產。科爾尼諮詢公司的副總裁威廉・貝斯特說：「新的變化是能夠運用大量的資訊，並採用關聯管理的方法。我還記得十五年前做消費產品分析的情況，那時所遇到的問題是要不斷地對顧客行為進行假設，現在則可以在網路裡採集資訊，找到關聯。像一些交易業務的行業，如金融服務、零售業和電信業，大都以網路收集所需的資訊。」

生產力的提高以及普遍的生產過剩是消費者在後工業社會中越來越多地運用權力的深層原因。許多公司不僅僅是試圖生產更符合顧客需求的產品，他們在重新審視整個供應鍊。它們希望能夠降低成本，同時，根據顧客不同的需求建立一系列帶來利潤的關係。這一過程常被稱之為「管道經濟學」。其目的是建立不同的購買關係而不是僅僅以一種價格銷售一種產品。有時，其目的只是為獲得低成本。一種倉儲式購物量販店變得越來越受歡迎，在這種購物形態裡，產品價格很低，但顧客必須現金結付，並自己負責運輸。

例如德國的艾迪超市為顧客提供非常便宜的商品，顧客的代價是選擇受限，每個商品只可購買一件產品。另一種情況是美國的服裝公司，它們專為經理按其工作環境訂製衣服，但價格不菲。牛仔服生產商李維也在利用技術使他們的產品適應每一個顧客。另一個成功的管道管理的例子是戴爾電腦公司，該公司按顧客要求訂製電腦，幾乎沒有庫存。

你需要運用稱為「作業成本控制」（簡稱ABC）的管理工具，逐一檢查你的每一位顧客。「作業成本控制」不是傳統成本會計制度的取代者。它既是一種企業範圍內的管理資訊系統，也是一種顧客管理理念和行銷承諾。借助ABC管理工具，企業就可以檢查自己在每位顧客身上所投入的管理、銷售和服務的真實成本，計算出每位顧客能帶來多少利潤。你也可藉此計算出所銷售的每種產品和服務的盈利率。

工具並不是什麼新理念。在二十世紀九〇年代，第一流的企業，包括管理完善的企業巨頭可口可樂公司和聯信公司一直都在使用這種工具。遺憾的是，儘管使用工具有許多好處，工具的推廣進展卻十分緩慢，因為它對傳統思維方式提出了挑戰。如果你現在能趁早起而行之，你就可以在競爭對手面前搶先一步。

(1)認清傳統制度的侷限性。傳統的財務會計會將企業所有的收入和成本累加以確定企業的回報，同時也計算出製造一件產品的直接成本（物料與人工），並將分期清償的資本和一般管理費用分攤到產品中，然後提出一個作為定價依據的成本來。可是，傳統會計沒有將那些成本與單件產品的生產、行銷、分銷以及服務顧客的流程聯繫在一起。傳統會計忽略了經理人在全面品質管理專案中仔細監察的上述流程。

(2)瞭解資源、業務活動和成本物件的關係。許多提供形形色色的工具解決方案的諮詢人員和軟體銷售商都有一個共同的程式：「成本物件」（如某產品或顧客）消費

「業務活動」（如銷售拜訪或產品目錄），而如此消費則要消耗「資源」（如員工時間和現金支出等）。工具分析人員沒有把傳統會計所稱的「間接成本」（無法直接追溯到某一具體產品的成本）作為一般管理費用逕自分攤到所有的顧客和產品上，而是把所有的業務活動都追溯到相對的成本物件上。

這就意味著利用相關研發及為主要顧客準備所企劃的成本也應歸到該顧客身上。銷售某一具體產品的成本也應直接算在該產品上。通常，這些成本都一併歸入包含各種支出的行政管理費用中。

射出成型製造商德頓技術公司是運用ABC工具的先鋒。該公司財務副總裁彭柏頓注意到，按傳統成本觀點來看，似乎盈利的產品，在將所有制造、運輸、行銷和服務的真實成本算進去之後，有時卻表明是無利可圖的。並非每一種業務活動都可以按部就班地找到成本物件。這些經營中的「持續性成本」還包括企業的廣告宣傳與公關、行政人員、基本銷售培訓和基礎設施的開支，甚至還包括企業總部所在地的綠化費用。

彭柏頓勸告經理人分配這些成本時不可過於強求。應根據判斷來決定投入多少精力以求精確。與其精確計算錯誤業務活動的成本，不如對正確的業務活動進行粗略的成本估算，確定從顧客身上獲利的因素。

每個行業都可以按重要性排列出其成本的優先順序。這種順序是因顧客而變化的。激烈的競爭將促使價格下降（機會成本），可是顧客對此的反應卻有所不同。有些顧客較其他顧客對價格更加敏感。有些顧客很少要求服務，而另外一些顧客則不斷在電話裡提出各種要求。因此，與其他產品相比，有些產品的應用要求採取更多的銷售活動。

彭柏頓初步提出了如下一個粗略的原則：「中等規模的顧客一般是令企業最有利可圖的。他們能承受較高的商品價格並消費相當數量的資源。」他接著補充說，大顧客往往極力降低你的利潤幅度，小顧客則會要求與其購買量不相稱的銷售資源與服務資源。

(3)認清並儘量擴大你的優勢。在進行成本調整以及與顧客洽談價格和服務時，尤其應注意與你銷售部門的能力優勢相關的成本因素。例如，如果你的產品具有不凡的形象和聲譽（產品質和銷售力所帶來的），你就可以堅持你的價格，不必退讓。一支訓練有素的銷售團隊和分銷網路可以提高你的分銷和降低銷售成本的效率。卓越的市場分析可以使你的促銷活動更加強勁有力，讓你更為有效地尋找潛在顧客。

(4)計算每位顧客的真實利潤。找出向每位顧客銷售和服務所需要的關鍵業務活動。確定每項業務活動的成本，也要確定在這種銷售和服務關係中實施上述活動的推動因素（如全國規模的企業在所屬四家工廠分別進行現場銷售活動）。有關的驅動因素也包括產品訂單的複雜程度、顧客信用風險、競爭壓力、激勵的提供以及所需的支援和物流服務。然後，應計算顧客要求進行以上業務活動的次數，估算顧客將來對每項業務活動的需求量。

同時，為該顧客制定單獨的購買量與價格預測，你可以對其中的每個收入成分進行單獨調整。你也需要瞭解每件產品在每位顧客身上的盈利率。此舉能表明你是否有機會或有必要勸顧客購買更高價格的產品。

☑巧妙地「辭退顧客」

俄亥俄州立大學行銷學教授布萊恩認為，競爭的模式正在改變。他說：「我們總是說量販店應該跟著消費者走，或者說生產商應該有消費者導向的產品，但我們很少說應該改變供應鍊，使之更適應消費者。」布萊恩還補充說，對顧客更詳盡的分析帶來的一個結果是商家們更願意「辭退顧客」。有些顧客實在太難保留或者保留會耗費太多的成本。

一個有效的做法是使定價更加多樣化，讓不帶來利潤的顧客不是離開，就是變成產生利潤的顧客。布萊恩說：「信用卡業務已開始在採用這種做法了。最初銀行給予任何有信用資格的人發放信用卡，沒有信貸資格的人也能夠透過存上一筆錢後拿到信用卡。現在銀行認為那些每月付清的持卡人並不有利可圖，因此向他們收取比那些在卡上保持餘額的用戶更多的費用。」

「對於供應商的大顧客來說也是同樣的情形。供應商可能會評估量販店，如果發現一個量販店的銷售額是十萬美元，而另一個是一百萬美元，兩家量販店帶來的成本是一樣的，他們會繼續給銷售額為十萬美元的那家量販店提供服務，但每次交貨時增加二十五美元的費用。過去，他們沒有資訊資源做出這樣的決策。」

對顧客行為更詳盡的分析可能帶來的一個結果是產品種類的增加以及與顧客建立多樣化的關係。在金融服務業，資訊中心的資訊越來越趨向於個性化，根據對以前的購買行為分析為不同的顧客訂製資訊。量販店及廠家正加大對行為習慣的研究，而不僅僅是評估顧客對產品系列的反應，這樣做是期望可以藉此發現新的需求。

布萊恩指出，大部份量販店正在逐步建立不同的顧客關係，以區分那些帶來高額利潤的顧客和並無利潤可圖的顧客。「聯合航空公司用豪華轎車接送它的貴賓，」他說，「並給予所有能帶來利潤的客人此等禮遇，並不是因為財富或性別，僅僅只是因為顧客行為的不同。」一旦你瞭解顧客的情形及其原因，你就能從策略高度進行銷售。

例如，對帶來高利潤的顧客，你可以降價以吸引顧客增加購買量和培養顧客的忠誠度。透過與顧客共用ABC工具得出的資料，並取消對你的產品與服務實行捆綁式銷售，重新洽談價格和所提供的服務。但他承認，與顧客分享資訊有風險。強大的顧客瞭解了你的真正成本後，將會盡力和你討價還價，不過這種情況十分少見。

良好的買賣關係可以延伸到交易雙方的一線操作人員。這種良好關係不應該只侷限在企業高級管理層或銷售人員和採購經理之間。

德頓技術公司為它的顧客，即那些將該公司產品組裝為成品的操作人員，舉辦製造效率研討會，進而加強了雙方的交流和友誼，便能為企業長期盈利的長遠關係得到鞏固。對多數行銷和銷售人員來說，與一位顧客中斷關係是很不愉快的經歷。但是痛下決心時，不要撕破臉皮對顧客隨意指責，應合理維持自己的價格來達到目的。有時，顧客會接受你的提價，至少也會明白你是在認真處理對你盈利不佳的顧客。

變革可能會在你組織中的某些角落造成不和。典型的例子是某銷售人員心愛的一位顧客，其購買量雖高，卻毫無利潤可言，而且這位顧客也不願做出讓步，於是企業只好忍痛割愛。產品經理也可能會對法所估算出來的其產品的真實利潤感到頗為不滿。

作為經理人，你肯定不想讓一個對行銷流程或顧客幾乎一無所知的財會人員，來主持法對企業經營活動的分析。你也更不願他們單憑冷冰冰的數字來做出關於產品和顧客關係的決策。在高級管理層要求進行法分析之前，先瞭解成本物件如何激發消耗銷售資源的各種業務活動是有益的。

三、必須重視公共關係

二十世紀七〇年代，輿論紛紛譴責雀巢公司的替代母乳的嬰兒食品向發展中國家的擴散，造成那裡的嬰兒死亡率升高。雀巢公司成為輿論譴責的重要對象。但是雀巢公司沒有進行妥當的處理，以致釀成日益嚴重的「雀巢風波」。雀巢公司的業務損失難以數計。

雀巢公司的總部設在瑞士，是一家大型跨國集團，一九八三年的銷售額為一百二十五億美元。一八六七年，雀巢公司首先研製並生產了一種嬰兒奶粉食品。由於嬰兒還不會吃飯，社會上對嬰兒食品的需求很迫切。雀巢公司在第三世界國家的奶粉市場中占有四十%～五十%的占有率。

二次大戰後，嬰兒奶粉的銷量持續增加。但是二十世紀七〇年代，發達國家新生嬰兒數量一直下降，導致奶粉銷售量以及利潤的突然下跌。發展中國家成了市場開發的目標。這時已出現了一些抗議奶粉生產廠家的活動。抗議主要集中在奶粉的使用與第三世界國家的人文環境不一致。隨著母親哺乳的比例下降，和餵食奶粉比例的上升，許多人開始討論餵食奶粉與嬰兒死亡率上升的緊密關係。

雀巢公司在快速擴大生產線的同時，在嬰兒奶粉生產中也確實存在一些嚴重的品質問題。一九七七年四月，哥倫比亞醫院育兒室中的嬰兒死亡率突然上升，最後根據病毒的線索追究到了雀巢奶粉的工廠。不幸的是，在發現原因之前，已有二十五名嬰兒死亡。澳大利亞也發生了類似的事件。

批評指出，由於過於激進的廣告宣傳活動，哺乳嬰兒已大大減少。公眾對於奶粉廣告的批評可以概括：在發展中國家用奶粉育嬰造成了嬰兒的死亡率升高；嬰兒出版物忽略或減少了對母乳育嬰的重視；宣傳媒介和廣告在鼓勵貧窮的文盲母親們用奶粉而不用母乳育嬰時起著錯誤的導向作用；廣告宣傳強調母乳育嬰原始而不方便；免費的禮品以及試用品直接引誘人們用奶粉育嬰，等等。

一九七四年英國一家慈善組織印發了一本二十八頁的小冊子，標題為《嬰兒殺手》，抨擊瑞士的雀巢和英國的尤尼蓋特。德國印發了它的德文版，改名為《雀巢殺害嬰兒》。

雀巢公司總部的經理們惱怒了，他們告激進者的誹謗，破壞公司名譽。雖然雀巢公司勝訴了，但正如雀巢公司的官員所說的：「我們在法律上取得了勝利，但是在公眾關係上卻遭到了災難。」雀巢公司的其他部門和產品成了公眾示威抗議的目標。

社會上成立了反對雀巢的兩個組織：ICCR以及嬰兒奶粉聯合戰線。整個形勢持續幾年，由於雀巢公司的社會公共形象繼續惡化，終於導致了一九七七年全球範圍內的針對雀巢公司的抵制活動。

雀巢公司不得不在一九八一年到一九八三年採取了與公眾合作的措施。到一九八四年初，才有許多組織、團體同意停止他們的抵制活動。但仍有二十個左右的團體（如美國教師聯合會）和五萬名追隨者不願讓步。

雀巢公司的業務損失難以計算，直接損失估計為四千萬美元，但損失掉的生意遠過於此。公司在斯多佛分部失去了生意，一些開發者因為雀巢的名譽不佳也變更了計劃。可是嬰兒食品只占雀巢公司業務的三%。

雀巢公司忽視公共關係只是一例。世界上仍有許多經理對新聞界的能力認識不夠。好像除了在新聞界有時要作一下廣告，其他時候並不會與他的公司發生關係一樣。

但是，事實遠非那些，報刊上的一篇報導文章所產生的宣傳效果遠遠超過一般人的預料。一些成功的企業家都認識到了這一點。他們在回憶公司的發展歷史時，都強調在刊物或報紙上刊登文章是公司命運的一大轉機。他們根本沒有想到，在刊物或報紙的一小段文章竟會有這麼大的作用，引起如此大的社會反響。

菁英培訓版

MEMO

第四章

提高銷售團隊和人員素質

第一節 建立評估銷售團隊系統標準，提高銷售人員業績與效率

對於多數企業來說，在銷售方面的投入都是一項主要的投入。這部分支出往往會占企業銷售收入的五%到四十%。而銷售部門的重要程度卻遠過於此。銷售部門可能是企業中獲得授權最多的部門，它們對外代表企業的形象，並掌管著企業最重要的資產——客戶。

銷售部門的職責是創造銷售量。他們不只是在支出，同時也在為企業贏得聲譽，創造利潤。培訓充分、領導有方的銷售團隊要比紀律渙散的銷售人員有更優秀的表現。銷售部門的創造精神也會對企業的銷售額和生產率產生非常直接的影響。

銷售團隊是一股重要的力量。銷售部門表現不佳會對企業的業績造成嚴重的損害。同樣，銷售部門的優異表現可以大幅度地提高企業的市場地位。

由於意義重大，經理人通常會對銷售部門密切關注。他們不斷自問：

◆我們的投入是否得當？
◆我們的銷售規模與結構是否合理？
◆我們的產品占有率是否令人滿意？
◆我們的地區銷售人員是否為企業贏得了策略優勢？
◆我們的銷售人員素質如何？
◆與最優秀的銷售團隊相比還有哪些差距？
◆我們是否滿足了客戶的需要？
◆客戶對我們的滿意度有多高？
◆為什麼銷售額的增長速度如此緩慢？
◆怎樣才能開發新業務？
◆與其業績相比，我們的銷售團隊是否支出過多？
◆如何才能夠使工作效率更上一層樓？

所有這些問題的答案都不難找到。評估銷售團隊的工作效率，最好的方法就是：首先建立一套評估銷售團隊的系統標準，然後按照這一標準對銷售部門的業績進行評估。

一、評估企業銷售效率的關鍵因素

要想檢驗企業的銷售效率，首先需要明確銷售結構中的幾個要素。每個企業的銷售部門都可以透過以下三個基本要素來進行評估：

(1)對銷售人員和銷售支援的銷售投入。人員支出包括工資與津貼。銷售支持支出通常包括聘用、培訓、銷售會議、銷售資料、銷售系統和筆記型電腦等支出項目。對於只有為數不多的銷售人員的小型銷售部門來說，全年總支出大約只需區區幾千美元，而一個大型的多層次的銷售團隊卻可以達到幾百萬美元之巨。

(2)銷售活動所需的資金投入。這種活動作用於市場並能夠為企業帶來銷售額與利潤。銷售活動通常是指企業採取的銷售程式。銷售程式中往往包括獲取客戶線索、市場調查、需求分析與客戶拓展。

(3)銷售團隊創造的企業銷售業績。通常用銷售額、利潤額和市場占有率來表示，在衡量標準上有絕對數量、預期目標完成比例或者與去年相比的增幅。由於銷售部門的決策會對企業產生長期與短期的影響，因此有必要對這些資料進行短期與長期兩種分析。

成功的銷售團隊能夠把銷售投入充分轉化成有效的銷售活動並實現出色的銷售業績。而這三種因素均可量化，所以完全能夠對銷售人員的業績與效率進行準確評估。

銷售團隊的整體概念中還有其他要素：人員與文化、客戶。銷售部門的人員與其銷售文化對一個銷售部門能否展開有效的銷售活動具有直接的影響。在一個「成功」的環境中，業務能力強、積極性高的人員就能夠展開有效的活動。而銷售活動會從正反兩個方面對客戶產生影響並在銷售業績上得到體驗和反映。

如何根據這一概念建立一支成功的銷售團隊？顯然，答案就在上述幾個要素之中。一支成功的銷售團隊的特點應是：低支出、高銷售額與高利潤、銷售活動得當、銷售活動單位回報率高並具有高度的成本效率。成功的銷售團隊應擁有很高的客戶滿意度。此外，銷售人員的主動性越高、銷售文化越積極，成功的可能性就越大。

銷售效率並非靜態的、一成不變的。這種效率隨時會產生波動，所以不可能一勞永逸地保持高效的銷售效率。市場、競爭環境及其他環境的變化都會對銷售部門的工作效率產生影響。客戶不斷比較其購買程式，變得越來越精明，進而使市場出現變化。新技術產生的新產品使得現有的銷售手段變得過時。而且，打破了地域限制的供應商體系同樣也要求對傳統的銷售方式進行有效的變革。

企業在實施削減支出計劃提高利潤率時，常常會注重提高銷售效率。它們會嘗試採用諸如電話促銷和郵購等新方式進行市場推銷。銷售部門對各種市場競爭行為也非常敏感。他們需要不斷地適應各種競爭性行銷策略、產品推薦以及價格變動。

成功的銷售團隊應當精於市場分析之道。無論是市場出現劇變，還是變化剛剛初見端倪，銷售部門都應該不斷做出精確的評估。

二、銷售部門提高工作效率的關鍵所在

銷售經理做出的基本決策會直接影響到銷售部門的五大要素，所以銷售團隊工作效率的動力正在於此。這些基本決策分為以下四類：

(1)調查研究。包括資料收集與分析工作，這些工作有助於銷售部門對市場進行細分並瞭解每一市場環節的購買行為。

(2)銷售策略。包括確定銷售團隊的適當規模、銷售團隊的最佳組織結構並確定吸引與維持客戶的措施與策略。這通常是高級經理人員最為注重的決策。

(3)客戶互動。即那些對與客戶的互動產生最大影響的決策。這些決策包括人員聘用、對員工的培訓教育與銷售團隊領導的選擇。客戶所最為看重的正是這些聘用和培

訓決策的結果，以及銷售經理人創造並維護的「成功」氣氛。

(4)銷售系統。即那些直接影響五大銷售要素、同時對客戶產生間接影響的管理決策。這一方面的決策範圍主要包括薪資、銷售區域聯盟、銷售部門資訊、銷售手法和其他增效計劃。

這些動力就是銷售部門提高工作效率的關鍵所在。明智的決策可以限制支出、創造一種成功的文化、確定適當的銷售活動令客戶滿意，進而對企業銷售業績產生積極的影響。

三、多標準進行績效評估

銷售方面的問題相當複雜，只有透過多個標準才能夠對銷售業績進行綜合評估。僅憑單一的標準無法涵蓋銷售部門的各個方面。

(1)銷售投入是比較易於掌握的一個標準。儘管這個問題通常由財務會計部門負責，銷售經理同樣需要密切關注支出情況，因為他們往往對銷售資金的使用情況更加瞭解。

(2)對文化的評估可以用來檢驗企業的銷售文化。這種評估從市場與競爭環境方面提出以下問題：銷售部門對哪個更加重視？是顧客至上還是利潤至上？是放權還是集權管理？是短期效益還是長期效益？銷售部門如何進行交流？

(3)客戶反應是評估銷售業績的有效標準。透過與客戶產生成功的互動，銷售部門可以解決客戶的問題、使客戶滿意並與他們建立可持續的生意關係。

儘管客戶的保持率、回流率和客戶意見可以用來評估與客戶的關係，但是在這些方面的改進和回饋太花時間，遠不如客戶滿意度這一標準立竿見影。

對銷售的評估能夠揭示出問題所在，但是對解決問題的指導作用並不總是明顯的。比如說，假設銷售團隊無法發展新的業務，就可以從幾個方面來考慮：聘用一些不同類型的人員；展開培訓，提高銷售人員的能力，更有效地吸引客戶；或者精心制定一個獎勵計劃，鼓勵銷售人員拓展業務。

一旦確定了變革措施的實施順序，就應當馬上付諸行動。對銷售部門來說，企業業績是成功的最終標準。銷售額、利潤額、市場占有率與訂貨數量都是評判企業業績的指標。不過，有時儘管銷售部門表現突出，企業仍然會業績平平。畢竟，企業的成功不能只靠銷售部門孤軍奮戰，否則，其他部門就喪失了其存在的意義。

第二節 樹立積極的心態

一、使自己成為出色的銷售領袖

卡利伯公司研究了一百七十二位銷售經理人的特性。該公司的創始人兼行政總裁格林柏說：「當今全球競爭異常激烈，產品大同小異。你的成功或失敗九十八%在你員工手上。銷售團隊的人員素質歸根就底，在於其領導的素質。一般銷售經理僅確保系統運行正常，而銷售領袖則能推動事務發展。他們令其周圍的人更加出色。」

銷售領袖與銷售經理有何不同？銷售領袖令銷售團隊活力充沛，激勵他們達到看似不可能的目標；銷售經理僅是確保銷售流程運作正常。銷售領袖有很強的使命感和目的性；銷售經理則僅確保訪問報告按時完成。銷售領袖致力於創新；銷售經理僅致力於管理。

卡利伯公司的研究找出了銷售領袖的七大關鍵特性：

(1)果敢有力。卓越的銷售領袖知道何時採取何種方式表示自己強硬的態度。他們知道如何堅持自己的權益。果敢有力是領導力的支柱，軟弱無力的人不會成為好領袖。

森羅公司副總裁麥德羅發覺其手下一位銷售經理由於希望多陪伴家人，而未能花足夠時間與其業務代表一起在外奔波。麥德羅把銷售經理請到辦公室，很明白地告訴他，他知道對家人好十分重要，但他同時提醒銷售經理，這是他的工作。如果他需要這份薪水和威望，就必須與業務代表一起在前線衝鋒陷陣，完成工作。

這位銷售經理並不喜歡這次談話，但他希望留住這個位子，因此他接受了。

(2)有內在驅動力。銷售領袖不僅僅對說服客戶有興趣，他們還能驅動自己去激勵業務代表採取行動。

GBS印刷品和印刷機械公司地區銷售副總裁基納德手下有一名銷售人員。他在過去十幾年裡一直表現出色，但現在其銷售業績卻下滑了，主要原因是他的幾個主要客戶破產了。這位推銷員沒有去開發新的業務，反而一味哀歎命運不佳，任憑業績急劇下降。基納德與他約定了時間總結業績。基納德請這位業務代表一起吃午餐，他並沒強調這位業務代表的業績下降了，相反，基納德對他說：「你有能力做得更好。」

這位業務代表對這種方式做出了「積極」反應，因為他並沒有覺得受攻擊或被貶低。這次會談取得了立竿見影的效果：兩個月後，這位業務代表的月銷售量達到了兩年半來的最高點。

(3)有內在韌性。業務代表推銷失敗時，他必須有一種內在韌性，以保持樂觀態度，開始新的銷售拜訪。銷售領袖還有一項任務：他不僅自己要能從失敗中解脫出來，還要保證其業務代表也能從失敗中解脫出來。

斯圖特公司的全國銷售經理海斯與他的一位地區銷售經理、一位業務代表和一位產品經理失去了一張二百五十萬美元的訂單。他們非常沮喪，簡直是傷心欲絕。在遭拒絕的那天，海斯及其團隊成員會見了這位有潛力的客戶，請求他們為什麼會失敗的意見。海斯說：「我希望自己的銷售團隊養成這樣一種習慣，即問問自己為什麼失敗並不可笑，也不可恥。」

在後來的一個星期裡，海斯與其小組反覆開會總結哪些方面他們認為做得對，哪些方面他們原本可以做得更好。海斯認為，無論情況如何，令業務代表正確處理失敗的關鍵是幫助他們儘快正確面對失敗。他說：「我告訴他們，我們必須總結業績，然後繼續前進。」

(4)敢於冒險。在激烈的市場競爭中，勝利通常屬於那些樂於大膽嘗試，不怕失敗的領袖。卡利伯公司的格林柏說：「在銷售領域，銷售領袖總是在不斷冒險。是否該雇用這個人？是否該做這張單？在這個產品大同小異的市場，那些三思而行不敢冒險的領袖只能被這個世界淘汰。」

有時候，發展一個新客戶也是件冒險的事。佩斯分析服務公司銷售和客戶服務經理惠特曼曾目睹某客戶公司的六位高層經理辭職開辦了他們自己的環境諮詢公司。惠特曼說：「一開始，別的實驗室沒有一家願意在沒有徵信調查的情況下跟他們做生意。但我卻在別人不敢涉足的地方看到了機遇。我與新公司的一位合夥人打過交道，因此信任這位合夥人。新公司開辦僅一週，憑著對他的信任我向他銷售了我們的服務，因為我知道他是守信的。」

惠特曼的賭注下對了。新公司三十天之內就結了帳，並不斷要求佩司公司提供服務。

(5)有創新精神。冒險與創新精神是分不開的。出色的銷售領袖知道「老辦法」並非總是「最佳辦法」。在一個日新月異的市場中尤其如此。

斯圖特公司的海斯手下一名業務代表叫戴恩。他與一家大客戶建立了密切關係。該客戶表示有意與斯圖特公司遍佈全球的多家分支機搆作生意。戴恩詢問海斯，他是否可以成為這家客戶的經理，因為這家客戶是他開發的。這個建議聽起來很好，但有個問題：斯圖特公司的銷售人員是按地區分工的。如果戴恩管理了該客戶在其他地區的銷售，其他地區的銷售人員會感覺自己受到侵犯。

海斯解決的辦法是，戴恩負責與這家客戶的初期業務往來。隨後，他要將此業務移交當地銷售人員。公司則提高他所有業務的傭金率以示獎勵。海斯說：「這是對他開創了此項業務關係的獎勵，要是早幾年，我們會對戴恩說：『不行，那不是你的領域，我們必須遵守地區劃分原則』。但我們卻決定打破常規，因為我們看到了一個機會，可以幫助公司發展。結果，這家製造商成了我們的大客戶。」

(6)有緊迫感。銷售領袖知道「馬上」行動對留住業務非常關鍵。斯圖特公司的馬克倫說：「緊迫感就像一道巨大鴻溝，把出色的領袖與一般經理區分開來。」

佩斯分析服務公司贏得一項大工程，為兩家石油公司的合資公司檢測地下水。接到任務後，惠特曼即向員工傳遞緊迫感。他告訴他的業務代表和專案經理：這個項目影響之大，並且競爭強。在地下水樣品送達之前，惠特曼即結束了實驗室的其他工作，並設立了一週七天雙班制度。這在佩司公司是不尋常的。結果，實驗室只用了五天即完成了該項目。客戶原以為要十天呢。

對惠特曼來說，此舉可謂一箭雙雕：客戶又給了佩司公司新的業務，同時該專案也為實驗室設立了新的速度和效率標準。但惠特曼也警告說，不要為緊迫而緊迫。並非每件事都很緊迫，對客戶來說很緊急的事，對我們不一定也緊急。

(7)善於體恤下屬。銷售領袖強硬、主動、大膽，但他們同時也有一顆心。他們的同情心不少於其競爭熱情。

一九九六年初，迪士尼公司的業務推展經理格霍德在公司一次全國銷售會議上，碰到兩位新的業務代表。這兩位業務代表希望談談，他們與一家地區性旅行社一起在一家旅遊雜誌上作廣告的想法。他們對這個項目很熱衷，但考慮得還不夠周密。例如，他們連啟動這個專案的一些基本資訊都沒有：雜誌的出版商、製作廣告的最後期限、技術規格等。

糟糕的銷售經理可能會因為他們不知道的資訊，大發雷霆。但他卻採取了更和緩的做法。格霍德告訴他們，他與他們一樣也很想做成這件事，但他們需要搜集更多資訊，並一一列舉了所需要的資訊。

不久，兩位業務代表帶著一份詳盡的廣告宣傳計劃來見格霍德。格霍德說：「我認為他們的想法非常好，我不願壓制他們的積極性。問題只是業務代表有時熱情四溢，而對細節不夠重視。做一個體恤下屬的領袖，就要善於傾聽、領會並幫助員工理解。」

但格霍德也指出：「體恤下屬，還意味著要讓你的人行動起來。」

二、要贏得客戶和訂單，善於推銷自己比工作表現好更重要

銷售生涯和銷售職業的頭號殺手是什麼？既不是價格，也不是經濟蕭條，甚至不是競爭或不願購買的客戶或潛在客戶。不管你相信不相信，頭號殺手就是職業銷售人員拜訪客戶的膽怯心理。

專門研究客戶拜訪膽怯心理的杜德里和古德森在報告中說，在從事銷售工作第一年中未獲得成功的銷售人員中，有八十%的人是因為對潛在客戶的活動不力所致。在銷售活動中，客戶的推薦必不可少。即使是高級銷售專業人員，也同樣非常依賴現有客戶推薦的潛在客戶來展開銷售活動，他們在這一過程中往往付出相當的努力，並得到很好的回報。

害怕自我推銷，會導致那些頗具競爭實力的人在職位提升、薪酬收入和公眾認同度方面，遠低於他們應該得到的水準。工作表現好並不一定意味著能得到最好的報酬，最好的報酬經常屬於那些善於推銷自己、宣傳自己業績和能力的人。

誰是當今的頂級自我推銷者？你到各行各業看看，在公眾眼中最出名的並不一定是在其所從事的工作中表現最出色的。美國籃球明星羅德曼、歌星瑪丹娜和美國總統布希都是很有才幹的人物，然而還有很多人在各自的行業中，比上述的三人技能更高，但在名聲和收入方面都比他們低得多。

羅德曼喜歡將他的頭髮染成五顏六色，使他贏得了公眾的注意，卻不一定是他的技能或他的成就出類拔萃。

☑害怕自我推銷者的幾種表現

害怕自我推銷的行為，在職業銷售方面就表現為對客戶拜訪的膽怯。它以多種形式出現，對於職業銷售人員的績效帶來不同程度的損害。

(1)過分準備。莎莉是一名堅持不懈的銷售人員，但銷售業績從未達到一流水準。她目前正在準備一份銷售計劃，兩天之後將向一名新的潛在客戶推薦。該計劃她已經修改了十多次，現在又在檢查檔是否有錯誤。隨後她還將再次準備如何發表，她將主要的要點寫到便箋條上，以備實際運用或演練使用。所有這些都在銷售工作日做出，而銷售工作日是她與新的潛在客戶接觸的唯一時間。這種總在做準備但很少付諸實踐的傾向，是一種拜訪膽怯心理的表現形式，被稱為「過分準備」。

(2)過度專業。里安總是努力向他的客戶和潛在客戶展示最佳形象。他氣度不凡，作風專業，資料和交通工具也都是一絲不苟。今天下午出去與潛在客戶會面時，他會停下來將他的車子裡外徹底清洗乾淨以保持他的形象，並因此犧牲了和客戶面談的時間。這也是銷售拜訪中膽怯的一種趨向，被稱為「過度專業」。

(3)膽怯心態。朱蒂的產品特性與價格，要求她必須與潛在客戶的行政總裁接觸。對於這一點她感到很不安，因此她很有創造性地在進行工作，開始與採購代理、人力資源經理和其他願意與她交談的任何人打交道。她很容易就與這些人建立了融洽的關係，但不知怎的她總是無法接觸到總裁或老闆。不幸的是，除非特別例外，只有最上層的人才能決定購買她所推銷的東西。她有一種「社交自卑意識」的傾向，這是銷售拜訪中膽怯心理的另一種形式，其重點是不情願與處於社會經濟高層或掌權的人物接觸。

傑克銷售的是金融產品。他知道，透過舉辦免費研討會向潛在客戶宣傳的方式，銷售效果最好。他看到與其職位相當的同事在一次又一次舉辦研討會後銷售額不斷攀升。儘管如此，他還是堅持每次只接觸一名潛在客戶，一對一地推銷他的產品。他這種不願當眾推介的傾向是銷售拜訪中膽怯心態的另一種形式，稱為「怯場」。

☑找到膽怯心理給你帶來的損害最大的地方

幸運的是，你可以採取幾個具體步驟，來對付你自己或你的銷售團隊中客戶拜訪的膽怯心理。首先使用以下方法找到膽怯心理給你帶來損害最大的地方。

(1)仔細觀察銷售活動，發現趨勢與傾向。找到銷售活動的整體缺陷並不困難，這表明你的團隊存在上述的銷售膽怯等問題。不妨對某些具體問題進行檢查，比如客戶推薦。在這方面的欠缺可能會導致對客戶推薦的排斥，也就是說，沒有要求現有客戶推薦其他客戶，或者是沒能很好追蹤被推薦的客戶。有些銷售人員試圖掩蓋這一事實，並為此牽強解釋：「客戶推薦對我的行業及客戶根本不靈。」

(2)在銷售拜訪時注意觀察。在應該瞭解客戶業務時是否及時詢問？你或你的隊員是否不好意思詢問？你作為銷售經理是否就此結束銷售？不好意思要求客戶下單的情況非常普遍，這種銷售拜訪不情願被稱為「退縮傾向」。

(3)核查用電話聯繫潛在客戶的行為是否得力。如果「電話推銷」對於你或你的業務代表非常重要，請核查打電話的頻率和品質。當你發現這方面力度不夠時，很可能銷售中的膽怯心理已經滲透到電話聯繫中，甚至對高層經理人也會帶來明確的負面影響。

(4)做一次銷售偏好的評估。這是一種有效的工具，可以量化具體的困難，並提出克服銷售拜訪膽怯問題的合理步驟。這種方法還提供了一種證據結果，非常客觀地向你的銷售團隊展示出那些改進領域的整體情況。

☑有針對性地戒除膽怯心理

一旦你已經發現了問題並對問題做出了評估，你就已作好準備採取措施減少和消除你自己或你的銷售團隊的膽怯心理。根據你團隊的具體問題對症下藥，確定需要採取哪種措施。下面是一些例子。

(1)準備過分。一個主管用一種非常簡單的方法就解決了這一問題。在上午工作幾個小時後，他將那些有此「準備過分」徵兆的業務代表誘導出辦公室。這就能防止冗長的準備，而這些用來準備的時間，可以發揮於尋找潛在客戶並進行銷售上。

(2)過度專業。只要瞭解到這一傾向會妨害銷售業績這一點就足夠了。在許多情況下，瞭解問題就等於解決了問題的一大半，這就是很好的範例。過度專業往往使潛在客戶和銷售機會擦肩而過，銷售專業人員可以採取簡單直接的步驟，減少或消除這些行為。

(3)怯場。另一個主管規定其銷售團隊的每個成員必須參加一個專業協會。在幫助演講者提高表達水準的協會裡面練習演講，有助於使最膽怯的人也變得大方自信，並且盼望當眾推薦的機會。克服這種膽怯心理，不僅可防止怯場，在銷售拜訪膽怯的其他方面也能取得突破。退縮。儘管角色扮演是銷售專業人員最不喜歡的鍛鍊活動，但它常常是請求潛在客戶來購買的演練。在實際銷售的機會出現時，重複這樣的行為就會更容易。

請注意，銷售經理同樣會遭受銷售拜訪膽怯心理之累，它會給銷售團隊帶來更大的損害。不斷尋找並根治在銷售拜訪中的各種膽怯表現，將徹底掃除你成功道路上的一切障礙。

三、接受正確的心態，把自己塑造成銷售菁英

從前有個人，沒受過什麼正規商業教育。於是，他做了大多數人在此情況下所做的事：從事銷售。他擺了個攤位，當街叫賣「熱狗」。他的生意開始發展。於是他弄了個更大的烤盤，樹起了個「熱狗」的標誌，並做了些廣告。他的生意日益壯大，以致於他有能力供大兒子上完大學。

大兒子畢業後回來，取得了行銷學學位。他看了看父親的生意，告訴父親現在是蕭條時期，父親應該改變做生意的方法，重新規劃，削減開支。父親相信兒子是無所不知的，因此也就不再做廣告了。

此後，他又摘下了寫有「熱狗」的牌子，減小了「烤盤」的尺寸，最後甚至也不叫賣「熱狗」了。一天父親很沮喪地回到家裡，兒子問他：「父親，發生什麼事了？」父親答道：「你是對的，兒子。經濟確實很蕭條，我的生意受到了很大的打擊。」

如果你允許的話，發生在這位熱狗攤販身上的事也會發生在你身上。你會對所見所聞過度敏感，並不再為事情向好的方向發展而積極努力。你認為不好的結果會發生，然後開始製造證實你消極看法的不好結果。你先有了主觀看法，然後才看到事情實際發生。

無論是向潛在顧客推銷新觀點還是新產品，起始點都是你自己和你接受的原則。必須先令自己接受正確的心態。為此，需要採納「銷售菁英」原則。遵守這些原則，就會變得更強、更訓練有素、更有能力去推銷自己的觀點，說服他人按自己的看法採取行動。

(1)自己當家做主。這是最重要的「銷售菁英」原則。自己的生活，自己的老闆，生活是自己的，要由自己掌握。你要對生活負責，你握有通往未來的鑰匙。

有些觀念會拖你的後腿，並實際上將自己的「老闆權力」賦予他人。為當家做主，就必須擺脫這些觀念。這些觀念之一就是認為其他人應為自己做更多的事，例如「我沒有得到足夠的幫助、支持和資源」，以及諸如此類的話。有此觀念的人常常高估了自己的貢獻。

另一個阻礙你的觀念是，你做事的原因不是自己願意去做，而是不得已而為之。這種思維導致低品質的工作。有這種觀念的人無法全身心地投入到工作中去。他們工作結果差，更重要的是，無法達到自己的最高水準。

(2)培養適合的技能。技能培訓需要能量。感覺不好時很難成長或是發展。許多人都有遠大的目標、各種願望，但卻沒有實現目標、付諸實踐的能量。

當感覺活力充沛時，就會享受生活，將自己投入到生活中的每一天。人們也會受活力的吸引和影響。當活力四射時，你就會有機會改善自己、事業和各種關係。

長期的活力來自腦力、體力和精神等三個方面的不斷培養。你無法長期忽視其中某一方面而不影響整體活力。

這三個方面相輔相成。你需要一個創造性的、受過良好教育的、敏銳的大腦，需要一個充滿能量和毅力的身體，你還要覺得生活有意義、平和，而這種感覺來自與人的交往。

(3)有效的溝通以取得成果。講話熱情意味著充滿激情地表達自己的觀點，而非聲音很大或是喋喋不休。當你熱情洋溢地表達自己的觀點時，就會對聽眾產生一定影響，而無論聽眾是潛在顧客、同事、還是競爭對手。

成功很大一部分來自溝通能力。看看每天發生於周遭的那些小事吧。你與同事交換專案、新工作以及有趣的挑戰，每次交換都有溝通，而這些溝通將提高或是降低你所作所為的品質。

聆聽是溝通能力的重要組成部分。聆聽可帶來四方面好處：它可以讓你學得更快，提高與他人所作溝通的有效性，為自己的觀點營造一個更容易被接受的環境，以及更好地量身訂制自己所要表達的資訊。

在最基本階段，聆聽即是保持安靜，讓他人把話講完。更高一層的聆聽，即是透過提些有意義的問題、表現真正的興趣、以及有個熱情的反應，令講話人講得更有熱情。

(4)做出高品質的貢獻。要說服自己無論做什麼都要竭盡全力，然後不再去想它。因為這樣，你的報酬就會來自做這件事本身。當你完全接受了「覆水難收」這一看法，無論你做什麼，都將是做貢獻、成長以及在這個世界上留下自己獨特印跡的機會。你生命中最傑出的成就是什麼？你留下了哪些重大成就供他人仰慕和激勵他人？正是這些成就向那些認識你的人，最確鑿地證明你值得擁有最大影響力。

精益求精——就是這麼簡單，在那些表現你工作品質的事情上不要滿足於留有餘地的努力。

(5)培養合適的關係。歸根到底，做生意是做各種關係。如果你與技術嫻熟、有才幹的人關係很好，這些人樂於幫你實現目標，你就有能力取得可觀的成果。和你交往的人的素質和能力，將決定哪些機會將向你敞開。冠軍是那些在你希望有所提高的技能領域比你出色的頂級選手。有這些人在身邊將十分有意義，這是因為他們是務實者而非空談者，他們的目標有其成就作後盾。這些人可能在你公司內、行業內，或是來自你知之甚少的專業領域。

在商務活動中，最厲害的是那些能實現目標的人，而他們是透過與其他能實現目標的人交往來實現目標的。

(6)培養堅忍不拔的精神。堅韌不拔意味著必須面對你面臨的一切而不抱怨生活的不公平，也不去想「怎樣才能將這一局面往後推後呢？」堅韌不拔還意味著認識到困難是為你量身訂制，讓你發展成最強且為自我而存在的。

只要是不再問自己「怎樣才能令生活更容易呢」，而是問「我怎樣才能經常過挑戰性的生活呢」，那你的事業就會大大不同。這種態度的轉變，將極大地改變你對自己所從事工作的看法和對付困境的方法。你需要經常尋找挑戰而非尋找捷徑。

(7)尋找更有力的自我。為了找到更有力的自我，必須培育一種處於巔峰狀態的感覺。取得一連串的成功之後，這種感覺就隨即而來。而取得一連串成功的唯一辦法，就是迎接一連串的能令自己成功或是失敗的場合。你必須為此精心策劃，還要付出許多人不願意付出的更多精力。

四、在對手散佈的流言蜚語面前保持冷靜

你或你的銷售人員時常會發現，競爭對手老是在散佈一些有關你或你公司的不實資訊。面對這種敏感局面，你的反應很能揭示你的性格，決定顧客給你或你公司留下的印象。

愛爾蘭國家標準局的銷售人員布萊克說：「我極少與客戶談論我的競爭對手。我知道他們的存在，但我為什麼要替別人作宣傳？在客戶面前越少提及競爭對手，對我就越有利。」

但是，許多銷售人員，尤其當證實了有競爭對手在客戶面前誹謗他們的產品或服務時，會忍不住當場反擊。可是，這樣根本無法解決問題。銷售人員應該能夠預料到

競爭對手所得的資訊，防患於未然。

在你做銷售拜訪的過程中，如果客戶真的提起了競爭對手所散佈的流言，你應該淡然處之，繼續把話題轉回你來拜訪的事情上去。

布萊克說：「在這種情況下，我會盡力保持職業態度。我會微笑著說，『聽到他們這樣說我感到很驚訝。』他們確實是一家好公司，我真不知道他們為什麼會這樣說。實際上，我覺得這種事情不說為佳。讓我們談些積極的方面如何？』接著，我會仔細向顧客介紹我們的經營情況與使命，使談話順利進行下去。」

另一位銷售人員斯普勞斯對消除這種負面話題也有一套。他解釋道：「每當顧客提到我們的競爭對手時，我總會說：『你知道，我們有幾個客戶曾經與那家公司合作過，也許你願意與他們談談。』這個方法一試即靈。當然，你必須有所準備，能夠立刻說出那些客戶的名稱和電話號碼。」

不過，如果批評屬實，或者至少不無道理，這時你應面對這種批評。你可以把那些覺察到的缺點在客戶的眼裡轉化為積極的一面。

斯普勞斯說：「如果客戶對我說：『聽說你們的公司很小。』我會回答，『我們的人手已足以保證公司的高效營運並提供專業的服務了。如果我們聘請過多的人員，顧客不是要迷失在茫茫人海中，不知找誰幫忙？』幾乎所有事情都可轉陰為晴。置之不理固然好，但在必要的情況下，化解這些問題也不失為一個妙招。我儘量以幽默感回應之，因為這確實只是個玩笑。但一個玩笑處理不當，也會導致嚴重後果。」

面對不斷向你潑冷水的競爭對手，無論你如何反唇相譏，也比不上保持冷靜的職業頭腦，能贏得客戶認真的對待。

充分準備是應付競爭性流言的關鍵。專業培訓學院銷售培訓師萊恩認為：「一個優秀的銷售經理會在銷售拜訪前讓銷售人員做好所有該做的準備工作。這包括必須處理競爭對手對你的公司或產品的批評。」

「銷售經理應該與銷售人員一起坐下來，預測銷售拜訪中可能碰到的一切情景。當客戶提到他們聽聞的有關你公司的壞話時，經理們應當訓練其銷售人員如何繞開它。」

「記住不要讓這種事情激怒你，」萊恩強調，「相反的，繼續專注於原有話題。而不用去理睬那些流言蜚語。這樣，你就是向客戶發了一個信號：你對公司的產品或服務充滿信心，根本不屑於落入競爭對手的圈套，與他們做口舌之爭。」

如果顧客堅持提回這一問題，萊恩德提醒銷售人員加以注意，這說明顧客非常希望你做出回答。

他說：「異議不過是顧客認為其重要而提出來與你分享而已。所以，當顧客對某一問題表示關切，且不論是自己的意見還是道聽塗說，他們都給你指出方向。要設法把問題拿來為己所用。如果你能利用它來強調你的優勢，那怎能放過這個機會？」

不管你採用何種策略來應對這一微妙局面，萊恩都特別強調兩點：一是充份準備；二是保持冷靜。「這是個關鍵時刻，」他說，「你的反應將決定客戶對你和你公司的印象。

整體來說，銷售人員就如同一位演員。你必須遵照劇本，無論在何種情況下，說話時都應該有個計劃。現在有太多的人員行事毫無計劃。他們從不練習。那些具有多年銷售經驗的人員尤其如此。他們覺得沒有這個必要。」

第三節 進行成功銷售，開發潛在客戶

一、和有影響力的人士建立良好的關係，贏得大訂單

大訂單企業銷售比普通的面對面交易要複雜得多。任何七位數以上的交易都可稱為大訂單。大訂單的份量相當於企業接近百個普通訂單才能達到的銷量和利潤。

大訂單銷售人員有什麼值得仿效的高招？首先銷售人員能區分出真正的決策者，並和他們建立良好的個人關係。這些銷售人員會隨時關注那些積極的幫助者和頑固的反對者。大訂單銷售不僅要關注客戶，更要求銷售人員有較強的說服技巧，也需要常識、耐心、足智多謀、堅持不懈以及生存的本能。總之，你必須熟諳影響力管理。

大訂單銷售能手也需要支持者。行政總裁是你最好的支持者。當你成功向行政總裁進行銷售發表後，他就會把你介紹給他們的下屬。這樣，你成功銷售的機率就大了。

即使他們只是和你握握手，然後就把你推薦給其他經理人，你至少也得到了他們的支持。一旦違反了這個規則，你可能要花上幾個月、幾年甚至更長時間，才能做成同樣一筆大交易。

一個有影響力的核心人士將是你的下一個支持者。他可能是企業的員工，也可能是企業外人士，但他一直以來能對企業決策者施加很大的影響。這通常是一個內幕知情者、官員或經理人，他們將對你特別有價值。

☑建立溝通熱線

怎樣才能拜訪你不認識的企業決策者或有影響力的核心人士？你可以讓有相近職位的客戶幫你推薦，也可自我推薦。

在許多企業，通常是企業負責人而不是行政總裁接待你，聽取你的銷售介紹，並指點你去找什麼人。如果你的介紹打動了他們，他們就成為你的銷售管道。

一個銷售人員正向一家運輸設備製造商推銷他的服務項目，但他沒有得到推薦。按照習慣，他決定去拜訪願意接待他的最高負責人，希望其給予推薦。果然，在聽了介紹後，這位負責人詳細地告訴他該怎麼做，並同意作他的推薦人。

該銷售人員成功地拜見了企業的決策人，是一位副總裁也是總經理。他成功了嗎？

還沒呢！幾次拜訪之後，這位總經理就把他介紹給其他總裁或屬下的經理人，每次都要單獨面談。

這位銷售人員意識到他邁上了一條沒有成功保證、困難重重的道路。幸運的是，他可以不時和那位總經理碰碰頭，瞭解其對這宗銷售態度的變化，保證得到他的不斷支持。

那位副總裁／總經理還讓他講出對可能碰釘子的擔心，並把拖延技巧或可能遭受的反對轉告給他。這位銷售人員因此就能更好地準備說詞。隨著障礙一個個被克服，眼看勝利終於在望，可是在拜見人事副總裁時，卻碰了個大釘子。

拜訪一開始就很失敗。這位人事副總裁有事，對他的推銷不感興趣。他於是立即向聯繫人彙報了他的擔心，並請求幫助。結果他如願以償。片刻之後，大家已經達成一致，公司終於下了訂單。

該銷售人員成功的原因有很多，但最終能成功的原因有三：第一，他確保把那位副總裁也就是總經理推銷出去；第二，他的行動始終遵照事先建立好的決策架構；第三，對每次可能出問題的會面，他都一一彙報。

由於他建立了溝通熱線，那位總經理才得以在其公司內達成共識。一個友好的內部知情人可以幫助你避免出錯，帶領你走出銷售的迷宮。

☑先做好調查工作

一句銷售格言說，容易拜訪的人往往有時間沒錢；難拜訪的人有錢沒時間。企業的行政總裁你就很難聯繫上，更不用說見面。但是，一旦他給了你見面的機會，事情就有轉機了。

但是，如果你和將要拜訪的行政總裁間有代溝，怎麼辦？或者存在其他現實的或想像的障礙呢？如果你是一個二十五歲的銷售人員，而要拜訪的行政總裁年齡卻比你大一倍，又該做何打算？除了這些差異，你們有什麼共同之處？在拜訪時，你準備說些什麼？這會不會影響你的自信？

要像最優秀的銷售人員那樣去做。讓你的支持者或有影響力的核心人士為你鋪路，極力推薦你。請他們幫你約見或預先推銷你。盡可能瞭解你潛在客戶的一切關鍵資料，比如：年齡、家庭、孩子、教育、職業歷程、特別興趣、愛好、運動和旅行等。你對潛在客戶瞭解越多，拜訪時就會越少出意外，犯錯誤的可能性越小。你就會感到更加自信、沉著。

如果你確無有影響力的核心人士幫你推薦，那就儘量從給你提供銷售線索的人那裡獲得更多的資訊。如果你缺少必要的推薦人，不妨試著自我推薦。

要是你的目標客戶遠在千里之外，比如在歐洲，該怎麼辦？還是照最優秀的銷售人員的樣子去做，先做好調查工作。各種商業雜誌、顧問和官方或私人機構都能提供關於外國企業及政府的資訊。作好準備勝過一切，即使你不得不馬上拜訪一個未曾預約的潛在大客戶，也不要倉促上陣。

(3)進一步建立彼此的信任假定你現在正面見一位行政總裁，克服對其恐懼感最容易的辦法是你決定喜歡這個人。你的眼神和聲音會不由自主地流露出你的感受。開始見面時，你可以心有所思或手裡握個東西。透過調整說話、心情和肢體語言，不知不覺你就會感到你已經全神貫注地將注意力放在潛在客戶身上，漸漸忘掉了自己。

自我介紹的話語，或在允許情況下，問一些相關問題，都能進一步建立彼此的信任。你所見的行政總裁或許會因此將你介紹給其公司裡的其他人，或繼續同你合作。無論怎樣，因為你是一個睿智的聆聽者、敏銳的觀察者，你正一步步取得進展。潛在客戶慢慢就會接受你，尊敬你，成為你的同盟，而不在意你的年齡或性別。為了表現你的禮貌，你要留個私人字條，表示你的感激，但不要用銷售信函。

面對面拜訪一個團體則是完全不同的另一回事。首先，重要的一點是要區分出是企業內團體還是公共團體，在發表制定策略時尤為重要。每個企業領導都多次體會過，一個團體的行為不同於其中個體的行為。特別是在今天的參與式管理環境中，企業總裁可能會順其自然地把最後的決策權推給下屬。僅此原因，就表明你不可忽視團體中的任何人。

另外，每個團體都有自己的特點。這些或許對你有利，也可能會不利於你。或許，有人會反對你發表中的部分觀點。由於存在這種可能性，你必須未預先知，防患於未然。你不偏不倚的處理方式和公正態度會給聽眾留下好的印象。

實地排練：一些偉大的演說者認為，用眼睛和聽眾溝通很重要，哪怕只是剎那間的交流。他們藉此與每個人逐一打招呼。他們還會同每個人握手，以加強這種聯繫。

如果時間和地點允許的話，在向一個團體發表演說之前，先找幾個成員來演練一番。最好是能單獨向決策者先提前演練。在他們評估或向別人轉達你的演講時，實際上已成為你的支持者了。

儘管逐一拜訪每個成員耗時費力，卻往往保證得到最好的結果：你和他們建立起信任和密切的關係。你瞭解他們所關心的事和特別的見解。每個人都熟悉你的演示，使他們每個人都能明白演講的關鍵點。

要和決策者或有影響力的人士建立和培養良好關係。讓他們對你和你的專業精神有所瞭解。贏得他們的信任和尊敬。檢查你對他們的行為方式和資訊觀念的認知是否正確。一個優秀的銷售人員是一個問題解決者，也是一個適當氣氛的營造者。依照這些步驟，你就能取得意想不到的成功。

二、給顧客足夠而適當的資訊，促使他們購買

很多銷售經理人所犯的最常見的錯誤是在於給購買者太多的資訊。這造成了混亂，並且給人一個還有許多事實需要證明。雖然對你而言，最重要的是你對產品非常瞭解，但是沒必要與客戶分享每一件你知道的事。有這樣一句美國的諺語：誰不能隱藏他的智慧，誰就是個傻瓜。

保持沉默需要不斷的練習，但是一旦你希望客戶購買，這是必要的。你必須保持冷靜和肯定，不能笨手笨腳、結結巴巴。看著你的客戶，臉上的表情必須像看著一個你關心並希望取悅的人時的表情，不要說別的話。有一個古老的美式忠告說：「問一個結束性的問題並閉嘴。」無論是今天還是永遠，這一直是對的。讓購買者先開口，總是對的。所以請記住，你站在那兒是賣家。

決定資訊是足夠的還是太多有點難。對一個人而言看似很不足夠的資訊，對另一個人或許是太多了，每個人都不盡相同。有時候，對銷售人員很重要的資訊或許會撲滅購買者的熱情。能知道你每一個顧客的需要多少的資訊唯一的方法，是瞭解那些一般人不會注意到在顧客反應裡的細微線索。

☑讓顧客真心的點頭

你是如何識別更熱烈的反應的呢？是表明聽者在深思熟慮後刻意地點頭，還是贊同、未經考慮、真正需要時的輕鬆地點頭，每一個銷售人員會很專業地感覺得到這之間的差別。第二個反應叫真心的點頭。刻意地點頭表明對你所給出的資訊內容做出了反應，但點頭表明對你用來交流內容的感覺方式做出反應。當你用讓購買者更滿意的感覺方法來發佈你的資訊時，你會看到真心的點頭，這就表明你正在說一些他們認為重要的話。

親自試驗一下。選擇一個試驗者，然後針對他們選擇某物的策略，用沒有感覺的特別方式問他。例如，你或許會問：「如果你要在市場上買一幢房子，你如何知道什麼要素構成了一幢好房子？」這話並沒有假設任何特別的感覺。事實上，問題引發另一個人從上下文中的詞中考慮對好房子的定義。

然後測試者會說一些話，或許會給出一些資訊，或許不會。例如：「哦，我不知道，有些關於它的或許是對的。」如果你對他們的反應做出反應，這次會變得有感覺的特別方式發問，例如，你會說：「你意思是說那有些東西，讓你感到……？當環視四周時……會讓你想到……這些聽起來很棒？」你會注意到他們會對一個或幾個關鍵感覺的詞有真心認同反應，在別的詞上卻反應冷淡。那些產生這些認同的話是代表購買者以感覺為基礎的策略。

如果你只是在一些外表的描述上得到認同，你就知道要賣東西給這個人，視覺的因素是很關鍵的。在他們購買策略中，或許不止一個感覺的因素，所以把它們都挑出來。還記得他們的眼睛的轉動嗎？記錄他們眼睛的變化，這個購買者的次序是什麼？當購買者對你的問題發自內心的做出反應時，整個策略會在那幾秒種內被洩漏。眼睛的移動很快，無論如何，你不想錯過重要的資訊，所以最安全的方法是直接檢查所有方向及環境，就像剛才所說的一樣，你能用一句簡單的話就辦到。

當你求證時，用這個模式。除了能顯示在過程階段的購買者的策略，它也在內容上提供一些有趣的資訊。用問題模式，如：「你是如何知道你發現了合適的……？」「什麼導致了一個好的……？」「在這方面，你想要什麼？」用消費者更喜歡的感覺方式來賣你的產品。包括所有必須的基礎資訊，但集中在你產品的品質和帶來的好處上來吸引那些感覺。你會很吃驚的，你無須多言，就能輕而易舉的包括所有讓顧客感覺重要的資訊。

☑創造積極的情緒

這也是另一個方式為你的產品來創造積極的情緒。比如，電冰箱。人們購買冰箱時，並不是一時衝動來買一個新的。他們對原來的舊冰箱，總是用盡它最後一點的壽命。終於，替代它的一天來到了，購買者希望盡可能的快速、節省的做完家務。你又如何能用衝動性購買來賣電冰箱呢?這是一種方式，它被稱為「關聯性反應」。

透過持續的重複某一個特定的手勢、聲調、語調或面部表情，你建立一種關聯性反應的模式。如果你深思熟慮，你能在你的行動和你的購買者的積極情緒之間創造一種聯繫。如果你沒有意識到這種模式，你或許會不小心地建立一種聯繫，而這種聯繫會破壞你製造驚喜的意圖。

這裡有一個冰箱銷售人員激起購買者的熱情的方式。

購買者：我需要一個新的冰箱。今天早上，我家的冰箱已經不能用了，但我沒有太多的預算來買新冰箱。

銷售人員（站在冰箱旁）：嗯，你會喜歡這個的。它幾乎是免費的。（碰了碰那冰箱）省電（指著在設備邊上的操作手冊），它省下的錢幾乎相當於你所付的錢（用手指輕敲能源操作手冊）。

購買者：「聽起來不錯，但是不是那些省電的冰箱更貴？」

銷售人員：（在購買者提問時，從冰箱處轉過臉來）：這個是一個非常有價值的冰箱，穩定的省電（轉向冰箱）看這裡，這個自動製冰機。想想這會使得你的生活多麼的簡單。想像一下，當你需要冰時，你總是會有。每次你招待你的朋友喝一杯後，或當你的孩子從學校回來一邊向你說他們的一天，一邊要一杯冰涼的飲料時。（讚許的碰碰自動製冰機）。

購買者：「這很不錯，不用總是擔心冰箱有沒有冰塊。」

銷售人員：（抓住機會將這種積極的反應和冰箱聯繫起來，當購買者開始理性的思考過程時又觸摸電冰箱）：「在明天的此刻，在你的廚房裡你會有這樣一個新的冰箱，裡面會有你和你的家人所需要的所有的冰。我們會使得一切更簡單，我們的送貨人員將完好地把它送到你家。它很堅固的。」（斷然的關門，來強調它堅固的結構，然後給一下最後的輕拍）。

這個銷售人員真正的導致了轉變，將開始的錢轉變成價值，然後不可缺少地保證那些花費是合理的。很快，銷售人員轉移到另一種情感，使購買者關注某種特定的特質所帶來的利益。

☑深入人心的感情吸引

社會地位和愛的主要價值是一個感情的吸引。透過描繪購買者同朋友共用美妙畫面，或是當家長和孩子討論他們的一天時，一同享受著冰涼飲料的溫馨家庭畫面，銷售人員成功地將購買者的注意力從購買能力轉到了帶來的好處。

這個銷售人員透過手和身體將產品與好感覺完全地聯繫在一起了，並將任何懷疑和問題放置一邊。每說產品的一個優點時，就輕撫一下或輕拍一下。每一次購買者帶出一個潛在的消極的東西，銷售人員從冰箱處移開。銷售人員的目標是引領關於產品的積極面的感覺。

另一個要考慮的重點是你得毫不猶豫地表示你自己的賞識反應，並每一次購買者的積極反應時，你的反應必須一致。同樣的，當購買者反應很消極時，你要展示一個拒絕的反應也是一致的。關鍵是考慮哪一個是和你最近的反應最相似的？如果你是更似一個拒絕的反應，那會給你的銷售帶來消極的影響。學會控制你的生理反應，考慮一下他們會有多麼享受他們的購買，給出你賞識的態度。這不會讓他們買，但這防止了你不小心讓他們不買。

如果你幾次特意對新的需求者使用這個技巧，你的頭腦、身體會自動進行必須的調節。這是一個非常成功的策略，並且是否購買得起的壓力迅速減輕了。

三、進行成功銷售和開發潛在客戶的法則

開發潛在客戶就像參加健身俱樂部，你知道對自己有好處，而且能夠產生可以預知的良好結果。然而，它的確比較費時，因此它也是大部分銷售人員似乎總要迴避的事情。但是，回報遠遠超過你所遭遇的麻煩。

如果你所提供的服務需要在客戶所在地完成（如諮詢服務），或者透過其他手段（如郵購）來進行，你就需要積極主動地尋找準客戶，而不是等著客戶來找你。即使你從一個固定的場所銷售產品，比如商店，你也需要迎合潛在高品質客戶的需求，透過選擇合適的地點使客戶能夠方便容易地找到它。

以下十條「行銷守則」是進行成功銷售和開發客戶的法則。實踐證明它們是行之有效的。

(1)每天安排一小時。銷售，就像任何其他事情一樣，需要紀律的約束。你不能一直在拖延，一直在等待一個對你更有利的日子。其實，銷售的時機永遠都不會有最合適的時候。

(2)盡可能多打電話。在尋找客戶之前，永遠不要忘記花時間準確定義你的目標市場。這樣，在電話中與之交流的，就會是市場中最有可能成為你客戶的人。如果你僅給最有可能成為客戶的人打電話，那麼每一個電話都將是高品質的，因為你聯繫到了最有可能大量購買你產品或服務的準客戶。在這一小時中盡可能多打電話。由於每一個電話都是高品質的，多打總比少打好。

(3)電話要簡短。銷售電話的目標是獲得一個約會。你不可能在電話上銷售一種複雜的產品或服務，而且你當然也不希望在電話中討價還價。銷售電話應該持續大約三分鐘，而且應該專注於介紹你自己、你的產品，大概瞭解一下對方的需求，以便你給出一個很好的理由讓對方願意花費寶貴的時間和你交談。最重要的是別忘了約定與對方見面。

(4)在打電話之前準備一個名單。如果不事先準備名單，你大部分銷售時間將不得不用來尋找所需要的名字。你會一直忙個不停，總感覺工作很努力，卻沒有打幾個電話。因此，在手頭要隨時準備可供一個月使用的人員名單。

⑸專注工作。在銷售時間裡不要接電話或者接待客人。充份利用行銷經驗曲線。正像任何重複性工作一樣，在相鄰的時間片段裡重複該項工作的次數越多，就會變得越優秀。

推銷也不例外。你的第二個電話會比第一個好，第三個會比第二個好，依次類推。在體育運動裡，我們稱其為「漸入佳境」。你會發現你的銷售技巧實際上隨著銷售時間的增加而不斷改進。

⑹如果利用傳統銷售時段不奏效，就要避開電話高峰時間進行銷售。通常人們打銷售電話的時間是在早上九點到下午五點之間。所以，你每天也可以在這個時段騰出一小時來推銷。

如果這種傳統銷售時段對你無法奏效，就應該將銷售時間改到非電話高峰時間，或在離峰時間增加銷售時間。你最好安排在上午八點～九點，中午十二點～一點和下午五點～六點三十分之間銷售。

⑺變換致電時間。我們都有一種習慣性行為，你的客戶也一樣。很可能他們在每週一的十點鐘都要參加會議。如果你無法在這個時間接通他們電話，從中汲取教訓，

在該日其他時間或改在別的日子打電話給他，你會得到出乎預料的成果。

⑻客戶資料整齊有條不紊。使用電腦化系統。您所選擇的客戶管理系統應該能夠完善地紀錄需要跟進的客戶，不管是三年後才跟進還是明天就要跟進。

⑼開始之前先要預見結果。史帝芬．柯維博士在他的《成功人士的七種習慣》這本書中告誡我們，「開始之前就要預見結果」。他的意思是，我們要先設定目標，然後制定一個計劃朝著這個目標努力。這條建議用於尋找客戶和業務開發方面非常有效。你的目標是要獲得見面的機會，因此你在電話中的措辭就應該圍繞這個目標而設計。

⑽不要停歇。毅力是銷售成功的重要因素之一。大多數銷售都是在第五次電話之後才成交的，然而大多數銷售人員則在第一次電話之後就停下來了。

第五章

適應市場行銷的新潮流

第一節

選擇正確的市場行銷策略

一、選擇正確的市場行銷策略，使公司獲得最佳的經濟效益

☑市場行銷組合的特點

任何公司在進行行銷選擇時都是一種整合行銷。這種整合行銷包括對行銷因素的組合、行銷網路的組合。

行銷組合是指公司為了實施市場行銷策略整合公司控制的各種行銷因素，優化組合成一個系統化的整體策略，特別是要針對競爭對手的情況採取的最佳行銷對策，使公司獲得最佳的經濟效益和社會效益。行銷網路是指市場行銷管道及到達市場行銷顧客的行銷組合。

市場行銷組合是現代市場行銷學的一個重要概念。它包括如下四個特點。

(1)市場行銷組合中的因素是可控的。市場行銷組合中的四個因素（4P，即產品、價格、分銷、促銷）都是企業可以控制的。換句話說，企業可以根據目標市場的需要，決定自己的產品結構，制定產品價格，選擇分銷管道和促銷手段，使它們組成最佳組合。當然，必須承認的是，可控制因素隨時受到各種不可控制的外在因素的影響。所以，在實際運用時，要善於適應不可控制因素的變化，靈活地調整內部的可控制因素。

(2)市場行銷組合是一個動態組合，是一個變數。市場行銷組合中的每一個因素都是一個變數，不斷變化，同時又相互影響，每個因素都是另一個因素的潛在替代者。同時在四大變數中，又包含著若干個小的變數，每個變數的變動，都會引起整個行銷組合的變化，形成一個新的組合。

(3)行銷組合是一個複合結構。4P中的每一個因素，本身又包含若干二級因素，在這個基礎上，形成各個「P」的二級組合。例如，產品策略是一個組合因素，而這個因素又可以劃分為品種、品質、功能、式樣、品牌、商標、服務和交貨時間、退貨條件等若干個二級因素。各個二級因素又分為若干個三級組合因素，例如，促銷策略的二級因素有廣告，廣告又可以劃分為各種不同的廣告形式，如電視廣告、廣播廣告、報紙廣告、招牌廣告，等等。

(4)市場行銷組合的整體作用。在企業行銷活動中，行銷組合的四大策略運用得當，所形成的整體行銷合力大於四個策略單個運用的效力之和，這就是系統的整體作用。因此，企業行銷效益的優劣，很大程度上取決於市場行銷組合策略整體的優劣。

☑根據自己在競爭中所處的地位制定適宜的行銷對策

進入二十一世紀，世界範圍內大公司之間的競爭愈演愈烈。公司之間的市場行銷戰也是風起雲湧。對於不同的競爭地位者，其行銷對策應有所差別。

(1)市場主導者的行銷對策。很多行業裡都有一家公司被公認為市場主導者。這家公司在行業內享有最高的市場占有率，並在新產品開發、定價、促銷強度、分銷覆蓋面等方面扮演著主導作用，影響著同業內其他公司的行銷活動。如美國汽車行業的通用公司，電腦業的ＩＢＭ公司，速食業的麥當勞等。這些公司一方面享受著處於第一位的榮耀，另一方面也是眾多不甘落後地位的競爭企業進攻的眾矢之的，一旦稍有疏忽，就可能被奪去第一的寶座而降為第二、第三名甚至更後。

市場主導者的行銷策略主要要從三方面著手：

其一，擴大整體市場規模。領先企業的銷售額與同業整體市場的規模有密切的聯繫，當整個市場需求擴大時，受益最多的當是處於領先地位的企業。因此，領先企業在擴大市場整體需求規模方面也負有最大的責任。

擴大市場需求的途徑是：為產品尋找新用戶、新用途或促使現有用戶增加使用量，消費得更多、更頻繁。如牙刷、牙膏製造廠與牙科醫生配合，告訴人們每餐飯後都應刷牙，並經常更換新牙刷，以確保牙齒健康，結果是大大增加了人們使用、購買牙膏、牙刷的數量。

其二，鞏固已有的市場占有率。領先企業在努力擴大整體市場規模的同時，必須注意鞏固自己已有的市場和占有率。否則，其擴大整體市場規模的努力將成為利於競爭對手的「溢出效應」。

鞏固市場的上策是以攻為守，不斷創新，確保在新產品構思、服務品質、效率和成本等方面始終處於行業領先地位；同時注意抓住對手的弱點，主動出擊。其次要善於「強化產品」，不給競爭對手以可乘之機。如增加產品規格和花色種類，採取差異性全面進入策略，就是為了滿足消費者有差別的偏好，防止競爭者加入。當然，也應看到這種策略的代價有時很高，例如有時為滿足某個規模十分有限的市場其消費者的特殊要求，企業甚至不得不虧損經營。但若放棄，則極有可能給競爭者進入並迅速取得進展的機會。例如柯達公司當年因虧損而放棄了三十五毫米照相機市場，而日本公司透過對這種相機進行改進，使之便於操作，最後在低價相機市場上迅速取代了柯達。

一般而言，在競爭公司的進攻下，領先企業不可能全面防守，不放棄一城一池。真正解決問題的辦法是分辨出哪些是應不惜代價防守的市場，哪些是可以放棄而風險不大的領域，然後集中使用資源，實現重點的最優化，達到策略目標。

其三，提高市場占有率。領先企業也可尋求進一步擴大市場占有率來增加銷售。在一些規模較大的市場上，每提高一個百分點的市場占有率就意味著增加一大筆銷售收入。而且，研究表示，提高市場占有率與增加利潤率有對應關係。

不過，領先企業在追求提高市場占有率之前必須認真籌畫，以免發生成本上升過快，導致市場占有率雖上升、利潤率卻下降的現象。

在現有市場上擴大市場占有率，實際上意味著要向其他企業發起進攻，即使是處於市場主導地位的企業，也需慎重。

(2)市場挑戰者的方案對策。挑戰型的企業大多在行業中處於第二位、第三位，甚至更低名次；不管名次怎樣，這些公司的共同之處，是決心向主導企業或其他競爭者發動進攻，奪取更大的市場占有率。它們與市場追隨者的唯一區別，在於後者寧可維持現狀，而不願引起任何爭端。

挑戰者的決策主要由兩方面內容組成：確定進攻物件和目標；選擇適當的進攻策略。第一，進攻物件與「目標」市場挑戰者發動進攻的總目標以擴大市場占有率來取得收益率的提高，但具體又因進攻物件的不同而有所差異。挑戰者企業可選下述三類企業中的一類作為進攻對象，前提是一定要有明確的目標。

◉追趕市場主導者。這是選擇比自己還強大的對手，因此追趕的風險很大，當然成功的吸引力也很大。進攻的策略主要有兩種：一是開發出較領先企業產品的品質、性能更優的新產品或特別服務；二是尋找領先企業經營活動中的「漏洞」和失誤，然後充份利用這些漏洞和失誤擴大自己的市場。

◉超越與自己實力相當者。主要是那些經營不善或資源不足的企業，把它們的顧客拉到自己名下。

第二，選擇進攻的策略。科特勒博士將進攻策略歸納為五種形式。

◉正面進攻。即集中力量攻擊對手的強項而不是弱點，如在產品開發、定價、廣告等方面較量。正面進攻的勝負取決於誰的力量更強。因此，若沒有在對策項目上相對於對手的資源、能力的優勢（至少要一倍的優勢），貿然採取此策略，則無異於飛蛾撲火，自取滅亡。

◉側翼進攻。多數企業實際上不可能一開始就正面強攻，而是採取側面進攻，即選擇對手之弱點或缺點，以己之長，攻彼之短。加入較偏僻地區市場或某個小眾市場，這些地區市場有時幾乎沒有競爭者的推銷力量，或因種種原因並未被競爭者明確意識到，因此是最容易取得行銷成果的薄弱之處。隨著企業在這些市場上銷售的增長，競爭者的地盤將逐漸被削弱。

◉包圍進攻。包圍進攻的目標要比側翼進攻大，即看準敵方一塊陣地後，從前後左右幾條戰線上同時進攻，迫其全面收縮；但在防守中，卻又顧此失彼。如產品包圍戰，就是針對競爭者的產品，推出品質、風格、特點各異的數十種同類產品，以此壓制對手的產品，最後奪取市場。

◉迂迴進攻。是一種間接進攻策略，即並不進攻競爭者現有的市場或地盤，相反，對這些產品和市場採取迴避態度，繞過競爭者。有的是開發新產品去滿足未被任何競爭者滿足的市場；有的是展開多角化經營，進入與競爭者不相關的行業；有的是尋找新的、未被競爭者列入經營區域的地區市場。這種迂回戰術也能幫助企業逐漸增強自己的實力，一旦時機成熟，即可轉入包圍進攻或正面進攻。

◉遊擊式進攻。遊擊戰在軍事上是以小勝大、以弱勝強的有效策略；在企業競爭中其典型做法是向競爭者的不同領域或不同部位發動小規模、間歇性的攻擊，騷擾對手，使之不得安寧，疲於應付，最終逐漸被削弱和瓦解。具體措施如突然在某一地區加大促銷強度，在某個特定時點降低商品售價，或對某位經銷商的努力推銷做出特殊承諾。遊擊戰特別適合弱者向強者發動的進攻，以較小代價耗費對方資源。但要考慮到若進攻者要「擊敗」對手，最終須有強大的進攻作後盾，因此，遊擊策略是一場強大攻擊前的準備。

(3)市場追隨者的行銷對策。事實上，並不是所有在行業中處於第二或第三位的公司都可以或願意充當挑戰者。實踐證明，成功地採取追隨策略的企業也能獲高額利潤。如一些公司透過模仿或改進革新者推出的新產品，大量推上市場銷售，雖未必奪得行業第一，卻獲得很好的利潤。因為它們不必承擔用於開發的高額費用，也就沒有新的風險。

相反，挑戰者策略很容易引起領先企業的憤怒，導致激烈對抗。在一場近距離的搏鬥中，領先企業往往更具實力，最後的結果往往是雙方都不願見到的。因此，相當多的企業甘願充當追隨者，尤其在那些市場相同或產品差異性很小而基礎投資規模卻很大的行業，如化學、石油冶煉等。差異化經營的機會不多，幾乎唯一的競爭手段就是價格戰，而這種挑戰手段無疑會招致行業中大企業的報復，因此很少有企業敢貿然行動。

市場追隨者策略的核心是尋找一條避免觸動競爭者利益的發展道路。但追隨並不等於被動挨打，況且，追隨者通常又是挑戰者攻擊的目標，因此，追隨者還要學會在不刺激強大競爭對手的同時保護好自己。

根據「追隨的緊密程度」可以將追隨者的策略分為三大類。

第一類，緊跟，即盡可能從各個方面模仿領先者，但又絕不超過或刺激領先者，有些甚至就是想依賴主導企業對市場或產品的開發、生存、發展，「跟著市場一起長大」。

第二類，保持距離地追隨，即在主要方面仍緊隨領先企業，只在一些次要方面採取與領先者有差異的策略。

第三類，有選擇地追隨，即在某些方面追隨主導企業，在另一些方面則自立門戶，有時還頗有創新，但仍避免刺激對方。不過，採取此策略的企業以後有發展成挑戰者的可能。

還有一種以仿造假冒名牌為生的「追隨者」，在國際上亦大量存在，對創新企業造成極大威脅，是一種不公平競爭行為，則會遭遇極大的法律風險。

⑷市場補缺者的行銷對策。市場補缺者基本是行業中的小企業，它們沒有能力與那些大中企業競爭，而專營那些大公司忽略的或是不屑一顧的小市場，也能為市場提供有用的產品或有效的服務，並獲得不低的利潤。

市場補缺者成功的關鍵因素是專業化，有專業化的技術、人才、產品或促銷手段。IBM公司雖是電腦領域裡的「巨無霸」，但同樣有許多生意興隆且提供各種專業化服務的小「電腦公司」。

二、制定正確的策略，選擇適宜的分銷管道

產品從工廠到最終目的地之間所經過的每一個階段都涉及分銷問題。分銷管道有各種形式，或者是直銷，或者是透過中間商。

與產品的生產量相比，大多數產品的購買量要相對少得多。工業用品或家庭用品是由不同廠商生產的名目繁多的產品構成。把產品送到最終消費者手中是分銷的任務。企業所選擇的分銷方法必須能夠反映產品本身的形象和性質。

一個果醬生產企業打算擴大市場，就不會僅僅透過特定的商店或地點去銷售，而

貴重且又獨特的香水也不會在超市售出。如何分銷產品並不是一個無足輕重的事，沒有選擇最佳分銷類型將會損害產品的銷售量。

隨著規模生產的到來，生產集中在少數幾個工廠，他們生產大量的標準化產品。用這種產品集中生產的辦法可以獲得較大的規模經濟。但是當規模生產的趨勢繼續下去時，必然會出現分銷問題。市場要求則完全相反——在廣闊的地理區域內，購買是小批量、多樣化、不固定的。重要的是分銷所增加的費用不可大於規模生產的成本優勢，規模經濟不能因為分銷網不適於某一產品和某一市場而喪失。分銷量有賴於產品的供應，因此固定生產成本高的製造商需要他所生產的產品足以占領目標市場。

便利物品是單位價值低的商品。顧名思義，就是要經常購買的，具有相近的替代品，而且在市場上可以極為方便地買到的商品。因為品牌忠誠程度低（否則該產品會變得很有特色），不備存貨將最終導致銷售的損失。這對製造商和量販店雙方都有不同程度的影響，不必要的銷售損失會減少雙方的利潤，而商店可以透過銷售競爭者的替代品來彌補損失。

但是，在品牌忠誠可以得到衡量的商店裡，他們可能會喪失其顧客，因為人們會轉向其他儲備該品牌的商品或他們喜歡的其他商品的商店去購買。這樣的結果是許多商店都購進競爭的品牌和產品。根據每個品牌的市場占有率備足存貨，以保持消費者對品牌的忠誠。為了迎合消費者的偏好，需要儲備各種商品；但儲備各種商品就意味著積壓大量的資金，這兩者之間不可避免地會發生矛盾，還存在被滯銷貨拖累的風險。

商品滯銷不是因為品質變壞所致，便是對市場判斷不準確，庫存的商品已被取代。另一方面，存貨量太低也可能會導致失去銷售的時機。由此可見，分銷是行銷鍊中非常重要的一個組成部分。

傳統的分銷目標很簡單，就是盡可能的透過中間商或直銷將自己的產品銷售出去。由於這個目標一般只考慮公司本身的利潤，而忽視或損害了分銷商的利益，最終也會損害公司的利益。

現代的分銷理論以合作雙贏的思想為指導，發生了很多根本變化。現代公司不再只是一個經濟體，而且是一個社會實體，行銷的性質發生了根本變化；它不僅為公司目標服務，也為分銷商服務。

公司與分銷商的關係建立在利益的基礎上。真正的分銷會使二者互惠互利。因此分銷的目標在於瞭解雙方的利益所在，尋求雙方的利益共同體，並努力使雙方的共同利益都能達到最大化或滿意化。

☑分銷管道的類型

分銷管道，亦稱分配管道或銷售管道，是指產品從生產者向消費者轉移時所經過的路線。在現代社會，大多數情況下，分銷是借助於一系列的中間商轉賣、輔助活動進行的。在這個意義上，分銷管道又可定義為產品從生產領域到消費領域轉移過程中所有市場行銷機構及其活動。

由於商品經濟和科學技術的日益發展，生產分工精細，專業化生產能力提高，市場也逐漸擴大，交換日益頻繁。由於自然的資源差異造成了生產的地域差異，同時也就形成了生產者與消費者地理位置上的間隔，產品的分銷管道對於溝通並滿足生產者和消費者的各自需要，已經成為不可缺少的關係。

分銷管道應被視為一個大的利益，但是系統內的相關管道之間常常存在競爭。分銷有許多選擇，對同一產品系列，生產者可能會利用幾種不同的方法分銷。儘管競爭不能常常帶來最有效的系統，但競爭畢竟是人們所希望的，因為可以提高品質。建立公平的分銷方法是一個很長的過程，因為這一過程在很大程度上要取決於生產者與中間商之間的關係。

一旦系統建立起來，運行良好對雙方都有利，這時，引進新產品就更容易了，因為中間商信任生產者。同時，新公司要擠進該銷售網就變得困難多了。因此，一個好的銷售網對生產者來說具有相當的價值。

典型的消費品管道如下：

生產者→批發商→量販店→消費者。

從理論上講，對商品沒有所有權的代理商不應包括在分銷管道內，但在使用代理人的地方，代理人在將產品傳給消費者方面所起的作用很大以致他能占有一席之地。

在分銷領域中，分銷商成員由於採取不同程度的一體化經營策略而形成不同的分銷系統，它們包括：

⑴垂直管道系統。這是由生產者、批發商和量販店組成的系統。該系統的成員或者屬於同一家公司，或者是生產者將專賣特許權授予其他成員，或者有足夠的能力使其他成員合作，因而能控制成員行為並在一定程度上避免由於獨立的成員追求各自目標所引起的衝突。垂直管道具體又分為以下四種形式：

其一，公司式——由一家公司擁有和統一管理若干工廠、批發機構和零售機構，控制分銷制度的若干層次甚至整個分銷管道，綜合經營生產、批發、零售業務。

其二，管理式——透過制度中一個規模和實力均較大的成員來協調整個產銷通路的系統。

其三，合約式——不同層次的獨立的製造商和中間商，以合約的形式建立聯營形式。

其四，水準式管道系統——由兩家或兩家以上的公司（沒有明顯的主體）聯合，共同開發新的行銷機會的系統。

(2)多管道行銷系統。即對同一或不同的子市場，採用多條管道的分銷體系。由於顧客分市場和可能產生的管道不斷增加，越來越多的公司採用多策略分銷方式。如通用電器公司不但經由獨立量販店，而且還直接向建築承包商銷售大型家電產品。多元化行銷系統大致可概括為兩種形式：一種是製造商透過兩條以上的競爭性分銷方式銷售同一商標的產品；這種方式通常會導致不同模式之間的激烈競爭，帶來疏遠原有的危險；另一種是製造商透過多條分銷方式銷售不同商標的差異性產品。也有一些公司透過同一產品在銷售過程中的服務內容與方式的差異，形成多條方案以滿足不同顧客的需要，擴大銷售。

☑分銷管道的選擇策略

一般情況下，公司應該對本公司的分銷方案的長度和寬度進行設計。分銷管道的策略包括：

(1)分銷管道的長度策略。分銷管道的長度策略是指企業在分銷自己的產品過程中，確定需要使用多少個層次的中間商。整體來講，這一策略有兩種各具特色的策略可供企業選擇，即長線策略和短線策略。

第一，短線策略。企業採用這個策略時，一般不使用或較少使用中間商。一般而言，這一形式適用於企業分銷具有價格高、體積大、重量大、易損壞、時尚性強、市場相對集中度和購買率高的產品；也適用於分銷新產品、訂製品和工業品。當然，如果企業規模較大，資源豐富，實力雄厚，有能力建立自己的銷售機構，那麼也可採用這種策略。

第二，長線策略。企業採用這個策略時，一般來說都使用較多的中間商來推銷自己的產品。採用這個策略時，企業要考慮的影響因素的特點正好與短線策略相反。例如，價格愈低的產品，其分銷線愈長，如香菸、肥皂、鉛筆等產品，至少要經過一個批發商，再經商店賣給消費者。

(2)分銷管道的寬度策略。分銷管道的寬度策略是企業在分銷自己的產品過程中，如何在長度策略確定的基礎上解決同一層管道中成員多寡問題的方法。大致有三種不同寬度的策略可供選擇。

其一，密集分銷。這是最寬的面積，即生產廠家選擇盡可能多的批發商、量販店為其推銷產品，讓消費者能隨時隨地方便地買到產品，特別適合於消費品中的便利品和各種服務。那些生活中所需的價格不高，每次購買數量不多，購買頻率又較大的消費品，如糖果、餅乾等日用品和食品，以及工業品中經常需要補充供應的商品，或小工具等，均適宜採用廣泛分銷法。

其二，選擇分銷。即有條件地選擇幾家最適合的中間商經銷自己的產品。這種做法適合於各類產品，尤其是選購品。一方面，它比獨家分銷面廣，有利於拓展市場，增加銷售；另一方面，比密集分銷節省費用，便於管理和控制，並加強與經銷商之間的相互瞭解和聯繫，有助於經銷商提高銷售水準。

其三，獨家分銷。最窄的管道，即在一地區範圍內只選擇一家中間商為其經銷產品，通常雙方簽定獨家經銷或代理合約。特點是有利於生產者控制市場。加強對中間商的管理，能加強產品形象，增加利潤，但通常只對特殊品、專業技術性強的商品或名牌商品適用。

(3)選擇分銷應考慮的因素。公司在具體選擇分銷管道時，一般都把長度策略和寬度策略結合起來，進而形成各種不同類型的分銷方法。

分銷方法的策略選擇一般要考慮五個方面的情況：

第一，市場的性質——透過市場調查，企業可以瞭解市場規模的大小，現有市場的大小，或是潛在市場的規模，以及市場有無可能擴大或萎縮的資訊。此外，顧客的分佈、年齡結構、購買習慣等方面的資訊也會影響他們對銷售點的選擇。一個很分散的市場要求採取與非常集中的市場不同的分銷方法，並非所有地區對同一產品都採用同樣的做法，或者都在同樣的店裡購買。

第二，產品的類型——易腐食品需要盡可能直接的方法。直接又具有縮短時間、宅配等優勢。技術複雜產品一般會採用更為直接的分銷經銷，這樣可以減少貨物的裝卸，更重要的是，這樣做可以加強生產者和消費者的聯繫。對於這類產品，在各個分銷層次上培訓它的專門技巧意義不大，因此更有可能採用直接方法。

第三，公司的性質——產品市場固有的大企業傾向於盡可能多地利用自己的分銷管道經營產品，它們有財力去承擔批發商維持庫存的職能，而且它們往往非常渴望能進一步沿產品線去控制該產品。當它們的經營大到足以要在企業內部培養自己的專職分銷人員的時候，他們那種推銷產品的強大動力會使他們的銷量增加。從倉儲和管理中可以獲得可觀的經濟規模，促銷也可以更為協調一致。那些有自己的零售視窗的企業尤其如此，它們把銷售視窗的促銷活動與行銷組合的其他方式相結合。

第四，中間商的類型——中間商經營的產品系列中若存在幾個相互競爭的產品，就將招致麻煩，因為中間商推銷該企業品牌的積極性不高。此外，中間商在儲備產品前可能會要求製造商做出廣告承諾，經銷的同類商品要有相似的價格和品質；因為不適合進入該產品系列的產品，將不可能很順利地介紹給最好的銷售網的。而且還要特別指出的是，中間商的信譽是很重要的，因為它影響到對量販店或對顧客的信用，而且這一點會大大改變最終銷售。

第五，所需市場覆蓋面——企業有必要幫助商店進行陳列設計，因為商店主要陳列的競爭是激烈的。

三、調整行銷策略，擺脫被動局面開闢新天地

即使你在商戰中一敗塗地，也可以東山再起，在老本行裡開發出一片新天地。佩德羅就是一個很好的例子。

這位企業家在馬尼拉設廠向高露潔公司和菲律賓精煉公司提供鋁皮軟管。但是，好景不長。當這些跨國企業改用壓膜塑膠管時，佩德羅手中九十%的訂單如過眼雲煙，

迫使他不得不關閉了工廠。

儘管如此，佩德羅仍在逆境中找到一線生機。現在，他的藍美仁公司已成為菲律賓第三大牙膏製造商，擁有二十％的市場占有率。

佩德羅把他的成功歸因於「5P」原則：定價（pricing）、促銷（promotion）、產品品質（product quality）、定位（placement）和祈禱（prayer）。在為跨國公司做供應商的歲月裡，他就很瞭解它們的實力：豐富的資源、廣泛的分銷網路和巨額的廣告費用。因此，他明白要與它們競爭多麼的困難。但是，佩德羅並沒有氣餒。他決心打入他原來那些顧客的市場，於是在一九八七年創辦了藍美仁公司。一開始，他想與外國企業合作生產牙膏並借用它們的品牌。但這些企業要求他支付品牌權利金，卻不提供任何行銷或分銷的支援，使佩德羅沒有什麼利潤。

這些遭遇使得他決心創建自己的牙膏品牌。此間，他得到一家日本牙膏製造商的幫助，在試驗了二百種配方後，藍美仁公司終於在一九八九年推出了快意牌牙膏。

佩德羅深知大企業的實力，這有助他做出兩個關鍵決策。他說：「我想，別尋思向高單價的、級市場出售產品了。我要推出一種價格比主要品牌低四十％的牙膏，瞄準低單價市場。」

佩德羅也知道，要與大企業硬碰硬，成功的機會微乎其微。於是，他決定開發自己的縫隙產品。藍美仁公司的八種不同產品品種中，其中包括水果香的兒童牙膏和維生素牙膏。

在這樣的市場中，跨國企業的大規模反而成了劣勢。佩德羅說道：「他們無法開發兒童牙膏，因為成本太高，利潤太低。」藍美仁公司則不然，它靈活機動，完全可以瞄準並占領這些小市場。

為了避免建立分銷網路的成本，佩德羅與大眾銷售公司聯繫。這是一家倉儲式量販店連鎖店，面向類和類低檔市場。這家公司還建立了一個貨類管理項目，把自己的電腦與銷售商和主要顧客聯繫在一起。這樣，藍美仁公司的經理人便能緊緊盯著分銷商貨櫃上的物流量規劃生產。

另外，強勁的行銷攻勢也是藍美仁公司的成功因素之一。佩德羅說，他的廣告支出並不比高露潔少。由於公司在創業、行銷和雇用殘疾人方面獲獎不少，因而贏得新聞界頗多讚譽。藍美仁公司的一百五十名員工中，有二十%是聾啞人士。

藍美仁公司現在正面臨著新的挑戰。它的成功已吸引了本地十家企業投入這一市場。佩德羅漸漸感受到了這種壓力。作為反應，他已將產品多元化，推出一些新產品，包括香皂和洗碗精。同時，他還開始向越南和老沃等發展中國家出口產品。

佩德羅說：「那裡也有大企業不感興趣的縫隙市場。企業家可以把這些縫隙市場連成一片，進而壯大自己。」

☑鞏固陣地，尋找更多的機會

「鞏固陣地」容易給人這樣一種感覺，即似乎在無可避免的失敗到來之前的最後掙扎。然而，實際上，「鞏固陣地」這是為恢復產品活力的策略，因為它不需要（或是無能為力）「擴大戰爭」，而是為陷入困境的產品尋找新的市場或新的用途。

鞏固銷售市場業務意味著從競爭者手中奪走生意，進而盡可能尋找機會提高自己的市場占有率。這一銷售方案由四個基本策略組成：細分市場；確定特殊市場；為自己的產品爭取大的用戶；尋找多種分銷管道。

(1)細分市場：就是指為不同種類或不同品牌的產品尋找不同的市場。當然，不應該等到你的產品已開始陷入困境後再來細分市場。例如，近來，可口可樂公司對其產品線進行了細分，在傳統的可口可樂之外，又增加了無咖啡因可樂和健怡可樂。

(2)確定特殊市場：包括確定特殊市場並為它們提供獨特的產品和服務，當經濟形勢很好，人們的注意力都集中在主要市場上，這些市場常常被忽視。

(3)努力保持大的用戶對自己的產品或服務的興趣和忠誠，或是使那些對競爭對手保持忠誠的用戶轉向你。此外，不要等到問題出現後再採取行動。現在，為了爭取經常性顧客，即使是經營狀況良好的公司也要採取競爭性的措施。

(4)透過多種管道銷售產品，而不僅是透過傳統的管道。

從二十世紀六〇年代初開始，美國的咖啡消費量一直在下降，大多數專家認為，咖啡將不再能夠恢復它作為美國成年人的飲料地位了，儘管在北歐國家裡它依然保持著這種地位。據推測，在五〇年代出生的那一代人從未養成喝咖啡的習慣。在成年以後，他們一直喝柔性飲料或已轉而飲用諸如啤酒、葡萄酒之類的低酒精飲料。事實上，當時喝咖啡者的平均年齡在四十歲以上，而且這一年齡還在逐年升高。

在咖啡市場這種長期衰退的形勢下，作為在市場居領先地位的通用食品公司開始採取鞏固陣地的銷售策略。為此，它對市場進行了分割，並推出了不同種類和品牌的咖啡——其種類和品牌之多，遠遠超過了競爭對手。

此外，通用食品公司打算對各種牌號的咖啡進行市場定位，即確定它們的不同用途，以避免它們之間的相互競爭。同時組成一條堅固的全面防線，與競爭對手相抗衡。通用食品公司還修改其咖啡製作配方，以適應像「咖啡先生」這樣的新式自動過濾咖啡壺以及其他咖啡製作技術的需要。

通用食品公司希望以其完備的種類和品牌保住原有顧客，並吸引大量消費者。無論他們喜歡哪一種咖啡，用什麼方法調製咖啡，也無論他們想在什麼時間、什麼場合喝咖啡，通用食品公司都能滿足他們的需要。

「麥斯威爾」牌咖啡仍然是通用食品公司的王牌產品，對它的促銷活動將繼續使用「滴滴香醇」的口號，作為一種歷史悠久、最受人歡迎的品種，這種咖啡被大力宣傳為最佳家用早餐飲料，因為家庭吃早餐時飲用的咖啡量仍然是最大的。

在美國位居第二的一種不含咖啡因的著名咖啡也是通用食品公司的產品即「摩卡」牌咖啡。有趣的是，「摩卡」咖啡是在二〇年代作為唯一的一種不含咖啡因的產品，為適應一小部分顧客的需要而推出的，這些人因為罹患潰瘍病或其他疾病而無法飲用普通咖啡。但是，隨著咖啡飲用者年齡的老化，以及有越來越多的研究揭示出咖啡因對健康的危害，「摩卡」咖啡已以一種特殊的產品變成很普通的產品了。

最初，「摩卡」咖啡是作為一種晚餐飲料而大加宣傳的，廣告以羅伯為號召，羅伯是一位受人歡迎的著名老演員，過去經常主演一些非常值得信賴的正面角色。在電視廣告中，羅伯在家裡或飯店裡露面，向他的年輕朋友們推薦「摩卡」咖啡。這些廣告對於促銷活動來說是極為成功的，但是，它們似乎容易使人們把「摩卡」牌和老年人聯繫起來。於是，通用食品公司的銷售部門起用了一群活躍的年輕人代替羅伯。人們可以看到，這些年輕人在從事雕塑、駕駛獨木舟或在水中焊接的休息時間喝的是「摩卡」咖啡。

當「摩卡」成為人們的晚餐咖啡時，通用食品公司又推出了另一種無咖啡因的產品——「布里姆」咖啡，以占領辦公室這個市場為目的。它很謹慎地使用廣告，所有廣告都播放同二個鏡頭：在緊張工作之餘，兩個職員朝著一個咖啡壺走去；其中一個很愛喝咖啡，但又擔心咖啡因太多，另一個則向他保證：「布里姆」牌的咖啡味道極好，而且不含咖啡因。最後，兩人一起說：「來一杯『布里姆』咖啡，味道好極了。」

通用食品公司的產品所覆蓋的最後一個市場，是那些由於某種特殊的原因而喝咖啡的消費者。這裡，公司的廣告看來發揮作用。為了吸引那些喜歡具有獨特歐洲風味的咖啡顧客，通用食品公司設計了藝術性很強而又富於感情色彩的電視廣告，向他們推出了一系列特殊產品。

適應多種市場和生產多種品牌的策略，是通用食品公司為鞏固其咖啡產品銷售市場而制定了策略的一個組成部分。該策略使它在美國人口組成的變化給咖啡銷售帶來威脅時，仍能保持在市場上的領先地位。

對於處在發展餘地不大的成熟行業而又不願或不能找到新的顧客群或轉向新市場的公司來說，鞏固銷售陣地是一個有效的策略。鞏固現有的銷售業務意味著要從擁有較高市場占有率的競爭者手中奪取一部分市場。這一策略要求細分市場，將產品或服務專案分門別類，以及使品牌多樣化。採用這一方法，它將對你的銷售業務產生影響。

如果你的銷售業務讓你大傷腦筋，請趕快重新定位你的產品，瞄準你所擁有的市場，及時採取對策，鞏固你現有的市場。

第二節 選擇適宜的促銷手段，避免行銷的誤區

一、促銷種類與技巧

促銷是在分銷基礎上的市場行銷活動。它的使命是配合分銷方式，運用一些特殊手段大力促進產品銷售。它的內容包括促銷組合、人員推銷、廣告、營業推廣以及公共關係等。

人員推銷就是透過售貨員或推銷員直接與消費者見面，向他們傳遞資訊，介紹商品與商品知識，引起消費者的關注和興趣，以促進消費者購買。這種促銷，傳遞資訊準確，針對性強，反應訊息及時準確。它的不足之處是要受到人員、專業人員數量以及較高費用的限制。

人員促銷還包括邀請、聘請有關專家、顧問向消費者進行宣傳與推銷活動，客觀

上還包括消費者之間互相介紹與資訊交流引起的購買現象。除了人員促銷外，還有廣告、營業推廣與公共關係等間接手段促銷。其中廣告是藉助於報紙、雜誌、廣播、電視等媒介物體向消費者傳遞資訊的，它不受時間與空間的限制，也不需要多少人力，正可以彌補人員促銷的人力、活動範圍的侷限。

營業推廣是透過一系列的措施刺激消費者的購買慾望和購買行為，如贈送樣品、價格優惠、獎勵銷售、低價包裝等。公共關係是透過公關人員廣交朋友、樹立企業信譽、調解企業與消費者之間的關係、主動遊說客戶等方式達到促銷目的。

企業促銷活動是有組織、有計劃、有目的的整體行為；不是孤立的、零碎的四處出擊；而是各種促銷手段組合為一個完整的體系、互相配合運用、加強效果。同時，不同的企業依據不同市場情況也可適當選擇、互相搭配促銷手段進行促銷。

具體的促銷方法有多種，但整體來說可分兩個部分。

☑以消費者為中心的促銷

其一，折價券：折價券是商業單位伴隨廣告或產品的外包裝送給顧客的一種標有價格的憑證，但其價值只能在折價券指定的商店裡使用。通常顧客使用折價券購物可以在價格上獲得部份的優惠。

其二，附加交易：附加交易是一種短期的降價手法，其具體做法是在交易中向顧客給付一定數量的免費的同種商品。常見的這種方法的商業語言是「買一送一」。

其三，折扣：折扣即在銷售商品時對商品的價格打折扣，折扣的幅度一般從五%至五十%不等。幅度過大或過小，均會引起顧客產生懷疑促銷活動真實性的心理。折扣的標誌可以公佈於店外，也可以標在打了折扣的商品的陳列地點。

其四，回扣：給消費者的回扣並不在消費者購買商品後立即實現，而是需要一定步驟才能完成。通常回扣的標誌是附在產品的包裝上。消費者購買了有回扣標誌的商品後，需要把這回扣標籤寄回給製造商，然後再由製造商按簽上的回扣金額數量寄支票給消費者。

其五，有獎銷售：有獎銷售是最富有吸引力的促銷手段之一。因為消費者一旦中獎，獎品的價值都很誘人，許多消費者都願意去嘗試這種無風險的有獎購買活動。除了即買即開的獎品外，為了提高有獎銷售的可信度，抽獎的主辦單位一般都要請公證機關來監督抽獎現場，並在發行量較大的當地報紙上刊登抽獎的結果。

其六，贈品：促銷策略中樣品的含義包括贈送小包裝的新產品和現場品嚐兩種。許多企業在推出新產品的時候，願意以向消費者贈送小包裝的產品為手段來推廣產品和刺激購買。如果是食品，則乾脆拿到商店裡請顧客直接品嚐。

其七，現場展售：現場操作的促銷方法，也是為了使顧客迅速瞭解產品的特點和性能，以便激勵顧客產生購買的意念。現場操作可以大量節約介紹產品郵寄廣告的費用，並使顧客身歷其境，得到認識。

其八，競賽：競賽的方法有多種，常用的還是智力和知識方面的競賽，其內容多數都是與銷售產品的公司或它的產品有關的問題。競賽的獎品一般為實物，但也有以免費旅遊來表示獎勵的。競賽的地點也可有多種，企業有時透過電視台舉辦遊戲性質的節目來完成競賽，並透過在電視節目中發放本企業的產品來達到宣傳企業和產品的目的。

其九，禮品：企業也可以利用一些機會和場合來發放作為禮品的本廠的產品，以提高企業及產品的知名度。當然，有時企業只花費很少的經費在展覽會或其他場合發放印有廠名的文宣、提袋等，不過這也是很經濟的擴大企業知名度的方法。

其十，展示會：展示會集商品展示與銷售活動於一體，是近年來很熱門的一種商業活動。展銷會的產品由廠家直接銷售時，其價格會比零售價格略低。由於參加展銷會的消費者多數都具有購買便宜商品的慾望，所以如果展銷商品的水準較高的話，廠家的銷售額能夠達到相當的水準。

☑以企業及組織為中心的促銷

生產企業除了以廣告和個人推銷的形式來促進銷售活動外，也在與中間商的交易中使用營業推廣的手段。這些手段主要是：商業折讓、批量折讓、商業折扣和費用補貼。

其一，商業折讓：如果零售單位向公眾發放了折價券，那麼，在折價券的有效期內，生產企業在向發行折價券的零售單位出售產品的時候，要對客戶進行補償。為了避免糾紛，生產企業與銷售單位的這種商業折讓活動一般都以簽署合約的形式來作為保證。

其二，批量折讓：批量折讓是指生產企業與中間商之間或是批發商與量販店之間，按購買貨物數量的多少，給予一定的免費的同種商品。例如每購買十箱某種商品，即無償贈送一箱的做法，就是批量折讓。批量折讓的目的是激勵中間商增加購買量。

其三，商業折扣：企業與中間商之間或批發商與量販店之間的交易中，也時常使用一定比例的價格上的折扣，這種折扣因為是分銷管道內部的折扣，所以稱為商業折扣。商業折扣這一做法的基礎是需求的價格彈性，即價格下降時，需求量會增加。

其四，費用補貼：量販店在配合生產企業進行促銷活動時，有時會增加一部分的成本。這些成本有時花費在廣告上，有時花費在商店中商品的陳列。為此，生產企業一般要給予中間商部分補貼。當中間商自己從生產企業的倉庫裡將產品運至銷售地點時，他們也能收到生產企業所給予的費用補貼。

二、突顯特色和抓住第一是最有效的行銷方法

「在今天的市場經濟社會裡，市場行銷已不是產品之爭，而是觀念的較量。」這話出自蘭比爾．斯科特之口。

蘭比爾．斯科特是一位美國學者，他是在日本就一個有趣的現象和美國進行比較時說這番話的。他的一個日本同行曾告訴他，自己最近買了一輛本田車。這個學者問，你買的車子是喜美、雅歌、還是RV休旅車（上述牌子都是本田產汽車品牌）？他的日本朋友馬上很驚異地反問，你為什麼不問我買的是哪一種牌子的摩托車？要知道在日本如果僅說買了本田車，那麼，人們都認為你買的一定是摩托車，因為本田的摩托車是最好的。

這位美國學者明白了。由於本田公司在美日兩國所表現的形象和市場行為的差別，使本田公司在美日兩國人的心目中已造成巨大的觀念差異。美國人認為本田公司是生

產汽車的，因此本田車指的是汽車；而在日本儘管本田公司生產汽車也是一個盡人皆知的事實，但由於本田摩托車的巨大影響和地位，使日本人從習慣上把本田車直覺地認為一定是摩托車。

由此推想，怪不得當本田公司決定從摩托車領域向汽車生產領域發展時，首先開發的是美國和其他海外市場，而不是如日本其他企業那樣，首先在本國建立基地然後再開發國外市場。

顯然，不論是在日本市場還是在美國市場，本田車並沒有什麼不同，而不同的是兩個市場上公眾或消費者的觀念。像這樣的例子很多，例如，奧迪車在歐洲和很多國家市場上是能與BMW、賓士這些牌子的汽車相媲美的高級名車，但在美國市場上偏偏就賣不動。原因是一九八六年美國哥倫比亞廣播公司在一次專題廣播節目中，曾指出奧迪車有「自動加速」的問題，該問題將會導致汽車失去控制。實際上，這個指責的根據只來自個別駕車者的心理感覺。大眾公司事後組織了數起由權威專家參與的測試都沒發現這個所謂「自動加速」問題。但公眾寧可相信廣播公司，而不相信由專家組成的權威測試部門。原因是測試報告中琳琅滿目的資料在公眾中的印象和知名度，當然比不上廣播公司由各位編輯剪輯的畫面和解說。在那次報導後，各種汽車失控的恐怖場景，使美國小心的女性駕車者至少有一星期不願碰自己的汽車鑰匙。

美國的《消費者》雜誌稱奧迪汽車會令美國人作噩夢。但實際上恰恰是由哥倫比亞廣播公司造出來的這個專題廣播倒是大眾公司的噩夢。因為從此美國對大眾汽車公司生產的奧迪汽車形成了難於動搖的壞印象，這個觀念終使奧迪退出了美國市場。

在一個成熟的市場經濟體制下，當不同企業的產品在品質、價格、服務水準上相差無幾時，企業如何在競爭中立於不敗之地的根本措施就是，怎麼去建立對自己產品有利的觀念，這是一個不可動搖的原則。觀念一旦被建立並得到穩固，除非自己去破壞它，任何對手的攻擊是很難改變的。

要建立良好的觀念，必須遵循一定的原則，那就是：

☑特徵先導原則

進入商品大世界，任何人都會發現所有名牌不是在品質上、性能上，就是在服務上，至少有一個為消費者所歡迎並深人人心的特徵。人們喜歡買的就是它們的那個特徵。當富豪汽車將進入汽車市場時，市場已經很擁擠了。

在高級汽車領域裡，論豪華高貴有英國的勞斯萊斯；講氣派大方有美國的林肯和凱迪拉克；要說技術精良典雅厚實有賓士；輕捷、矯健、駕駛舒適則有。要想在高級車市場搶占一席之地太困難了。然而富豪抓住了一點，那就是從心理分析上知道買豪華高級車的主顧們，自然有錢，有錢則必然惜命，惜命則重視安全。於是富豪公司抓住了這一點，從汽車的設計、製造到廣告宣傳自始至終圍繞這一主題。日積月累，公眾終於認同這一特徵：富豪是最安全的汽車。

儘管富豪車不豪華、馬力排量也不大，內飾既不追求華貴、外觀也不注重特立的風格，甚至使人從外表上看它覺得很普通沒有豪華高級車的樣子，但是買它的人卻一直認可它。它在高級汽車市場上的地位也就經久不衰。

無論怎樣規模的企業也不可能使其產品囊括所有消費者喜歡的特徵。所以，抓住不同特徵極力表現出來，並想方設法形成公眾的觀念，就是企業立於不敗之地的法寶之一。

特徵先導行銷觀念要求使企業特徵——產品在消費者和公眾那裡形成不可分的三位一體的牢固結合。而且在這一結合中，特徵具有中心地位。在企業的發展過程初期一般總是以產品為核心去營造特徵。當企業發展到穩定時期，特徵的營造就開始向企業靠攏。也就是要使特徵從以產品為偏重主導的三結合狀態向產品、企業並重主導的三結合狀態發展。使公眾一想到新特徵就不僅想到那個產品，而且也想到那個企業。

☑抓住第一原則

這個觀念就是要爭取第一。因為「第一」這樣的位置太容易深入人心。人們習慣於記住誰是哪方面的第一，而第二、第三則經常被忘卻。

商業史證明，企業只要在某一個積極有用的方面曾占據了第一位置，那就如同有了一個堅固的市場基石，被淘汰的可能性就減少了一大半，發展的機會則增加了幾倍。如克萊斯勒公司雖僅是第三位的美國汽車廠商，但它生產的多用途車卻在美國市場上占據著第一位置。這也是它歷經磨難而不倒的重要因素之一。

抓住第一原則的另一面則是把自身與第一位聯繫起來。聯繫的方法之一就是要敢於與占第一位的產品或廠商展開競爭。百事可樂從誕生那天開始就把占據飲料第一位置的可口可樂作為競爭對手；山葉在強手如林的日本摩托車市場上，瞄準的不是鈴木、川崎和富士而是占據第一位的本田。

以最好的或第一位的為競爭或學習物件，雖然可能具有最大的風險，但也能獲得公眾更大的尊重。公眾在把目光投向第一時，也會同時投向它，這就是抓住第一的優勢。抓住第一會使消費者把敢於與第一位競爭的廠家或產品更容易地記在心中形成觀念而不願輕易改變。人們會把它看成與第一位占據同等地位，而不敢輕視。那些敢與第一相競爭的廠家和產品哪一個不是獲得了幾乎與第一位相等的待遇呢？

突出特色和抓住第一是使消費者對自身企業和產品建立有利觀念的最有效的方法。當然突出和抓住都必須在產品和服務的技術能力和管理水準等方面有切實有效的工作業績，需要踏實的工作而不是充門面。

大眾對市場上的企業和產品並不完全是用理智的、全面的、行家式的標準去衡量比較而是經常用感覺、用所知道的零亂的資訊在心目中編織關於一個企業或產品的畫面。只有當他感覺這個畫面可能有特點或有什麼重要性，他才會有興趣不斷地去編織。一旦編織完成，這個畫面也就不容易更動了。如果沒有特色或不感覺重要，公眾就不會有興趣去編織這個畫面，即或是編好了，也會忘記。

三、避免行銷的誤區

☑觀察對手的所作所為是捕捉行銷機會的捷徑

為什麼經理們會覺得，競爭對手對自己瞭如指掌呢？這似乎是說自己不知所措時，對手卻是胸有成竹。當對方是大企業時，這種想法更占上風。

通用食品公司曾開發過一種巧克力口味的飲料。由於不太相信自己的調查，同時也希望取得最佳成果，公司決定將產品投放三個試銷點。

與此同時，雀巢也獨立開發出了自己的巧克力飲料，並提早通用食品幾個月開始市場試銷。當雀巢管理層發現通用也在打進市場時，卻是這樣看的：「我們一定是找對了方向。如果通用認為該產品沒有前景，就不會試投市場。所以我們應縮短試產期，儘早將產品推向全國，爭取市場占有率。」

然而，雀巢卻因此造成嚴重虧損。如果它當初有耐心完成產品調查，其損失就會小得多。瞭解對手的措施及其成效如何，的確是一種很重要的行銷技巧，但光靠一種原料是做不出好的巧克力飲料來。

☑市場占有率決定盈利。企業須永遠爭做市場領先者

從七〇年代末到八〇年代結束，哈佛商學院的一個發現徹底改變了企業的經營方式。即在許多行業、公司和經營單位中，市場占有率對盈利有著強有力的積極作用。研究還發現，市場領先者的取得報酬率比第五位以後的公司高三倍。

波士頓顧問公司則更進一步，將這一發現演變成當今十分著名的「經驗曲線」，進而向全球推廣。這一發現的產生、傳播和應用導致人們盲目追求市場占有率，似乎市場占有率大就意味著一好百好。

但「經驗曲線」裡也隱含著一種不祥的衍生品：企業可以「買」到市場占有率。比如打折扣、大力的促銷攻勢是以人為的方式建立起市場占有率的優勢。據說，這樣也就能相對形成規模經濟，獲得高投資報酬率。

今天，企劃者對市場占有率與盈利率間的關係已不那麼有把握了。兩者成正比這一點沒什麼異議。但這種關係的影響程度到底有多大、含有何種意義，分歧卻一直很大。最新證據表明，如果在分析市場時拋開有關這兩者的種種誤解，就會發現市場占有率與盈利率之間的關係比人們原先發現的要小得多。

這時又冒出了一個新的學派來，聲稱只要市場占有率和營利之間存在因果關係，那麼這種關係就與近二十年來人們紛爭不已的看法正好相反。它認為，利潤率高的公司有能力投資獲得市場占有率優勢。

這個主張並非不合邏輯，也不是無法證實。因此，爭論仍要持續下去。不過，請記住我們指出的錯誤行銷觀是，市場占有率一定會帶來更大利潤，市場占有率就是一切。受此影響，在不少的行業中，我們都可看到許多企業拼命追逐市場占有率，甚至超出了對利潤的追求。

百事可樂環球食品公司首席行政總監羅傑在接受《財富》雜誌採訪時說：「八〇

年代，飲料行業盲目追逐市場占有率。這種為搶占市場而不惜利潤的行為，就像吸入二氧化碳一樣，雖然暫時無事，最終卻是死路一條。因此到九〇年代你就會看到，企業將更注重卓越經營和成本控制。我們對每位員工說：『沒錯，市場占有率很重要，但它只是衡量能否持續盈利的尺度。』一九九二年，我們在美國的銷量僅次於可口可樂，位居第二。但在國內市場的利潤卻有望升至第一。」

總之，市場占有率既非國王，亦非皇后，也許不過是個宮廷小丑罷了。從好的方面來說，它大致反映出了投資報酬率；而從壞的角度來看，則是誤導企業走向衰落。攸關重要的是，千萬不要把它與具有真正價值的因素，即投資報酬率，混淆起來。

☑品牌忠誠的時代結束了

當今市場上充斥著各類雷同產品、相互競爭的品牌和不斷延伸的產品系列。在這種環境下，如果品牌忠誠，即顧客對某個業已確立的品牌忠誠度漸漸下滑，真是令人心悸的事情。

消費者在提高生活品質時，選擇品牌是他們作購買決策的主要因素。品牌是消費者識別優質產品和服務的捷徑，這已不是什麼新看法。消費者中十有八、九都同意這種說法：「我向來是想都不想，就買同一個牌子的商品。」

看來品牌忠誠的「危機」根本不存在。只不過在八〇年代，許多品牌固守原有的優勢、形象和定位，結果導致聲譽滑落。而且太多的行銷者因促銷不當、削減廣告開支、延伸產品系列失策等，正在斷送自己的品牌，這也是不爭的事實。但換個角度說，像玩具反鬥城就只經營名牌，它認為它的成功和得到顧客惠顧，就得益於實施名牌策略。

當人們認識到品牌不僅意味著商品的名稱，還記載著商品簡史，即商品的成功、績效和卓越品質時，他們才會趨之若鶩。由此看來，品牌忠誠生機依舊。

☑必須提供品質卓越的產品。

這個觀點蘊含的推論是：品質越好，行銷成功的可能性就越大。一九九二年以前的康柏電腦公司就是因迷信這一說法而身陷困境的最好例子。其行銷交流總監嘉蒂說，公司最初能得以發展，是因為顧客覺得康柏的產品可與相容，而且品質更好。但這種技術上的優勢卻漸漸將資產變成了負債。

公司鼓勵工程師設計、生產高品質產品，並不斷加以完善。然而這種改善卻造成成本攀升，與產品增加的價值不相稱。康柏產品的價格因此高高在上，與市場脫節。嘉蒂指出：「因為其他公司給顧客提供了他們想要的產品，品質不錯、價格也合理，而不是品質絕佳卻價格高昂的產品。」

一九九一年康柏的管理階層作了調整，首席行政總監伊佛改變風格。他說：「要根據產品價格做設計，用顧客的眼光看問題。什麼價位能吸引顧客買我們的產品？那你們這些世界上最出色的工程師，就要想辦法就此價位生產出此種產品。」

當康柏不再苛求完美品質之時，一九九二年的銷售額驟升到四十一億美元，比去年增加了二十五％。而經營支出占銷售額的百分比卻從一九九一年第四季度的二十五・七％，下降到一九九二年第四季度的十六・四％。

由此可見，在使品質盡善盡美上投資，不見得是上策。企業應該在兩方面之間尋求最佳平衡，一邊是顧客的需求和願望，另一邊是公司現有的資源、生產能力及維持品質標準所需的成本。

☑拓展產品系列是風險最小的推薦新產品的方法

品牌延伸策略往往蘊含著巨大的市場潛力，因為一個強大的品牌，往往能夠使延伸產品迅速得到市場認同，因而節省廣告和促銷開支。這也是在核心品牌漸趨成熟後用來鞏固品牌或市場、維持銷售量和利潤水準的傳統方法。

但品牌延伸也有風險，原因如下：首先，某產品的失敗會打擊品牌，損害核心品牌的聲譽；其次，即使新產品表現不俗，核心品牌也不一定適合它，反之亦然；再則，用得氾濫會使核心品牌喪失在消費者心目中的獨特定位，僅僅留下一堆看似同類卻鬆散的品牌。

應把穩步增加利潤而不是以銷售額作為評估拓展產品系列的依據。一旦考慮這一因素，就會發現拓展產品系列所冒的風險要比以往認識到的大。

☑「產品越誘人就越有可能成功」這是一個常見的錯誤

我們所作研究中一個最有趣的發現是，最誘人的產品構想卻往往最沒有利潤可求。為什麼?舉個最基本的例子，加巧克力粉的四色霜淇淋賣一毛錢一盒一定最誘人，必能吸引眾多的消費者，但在霜淇淋業這麼做就別想賺錢。

這個例子所有經理一聽就懂。可惜他們認識不到自己的新產品或重新定位的產品，也像這一毛錢一盒的霜淇淋——受歡迎但是賠錢。或者產品不賠本，但賺得不如人意，這種情況更常見。

以小車為例，現在的車增加了那麼多安全設施和防污染裝置，引擎馬力更強勁，煞車有功能，所有這些特性都很誘人，但就是成本太高。人們只能避而遠之，以致使銷量越來越小。

企業在為每年度的行銷計劃投入每一分錢之前，應該要求行銷經理在制定計劃中的每一個關鍵決策時都進行利潤導向思維。此外還要求提供整個計劃的預期投資報酬。

所以要想拋開這些神話，一切從頭開始的話，經理人就必須分析每一個環節，市場環境、目標、定位、產品設計、定價策略和廣告手段等面面俱到。而這其中的每一項都可以，也應該，用與盈利率相關的標準來衡量。

第三節 策略聯盟爲企業競爭開發了一條新路

一、從競爭對手中尋找合作夥伴進行生產合作

從競爭對手中尋找合作夥伴，採用結盟競爭策略有利於企業間優勢互補，形成綜合競爭優勢。

據著名的「木桶原理」，決定木桶盛水量的是木桶中最短的木塊，企業亦是如此：有的企業具有較強的技術開發能力，但生產能力不足；有的企業有較強的生產能力，但無法組織有效的行銷活動；有的企業網路分佈很廣，卻沒有真正優質且受消費者歡迎的產品。這樣的企業往往受短處的約制，發展速度很慢。這樣的企業透過聯盟，截長補短後，就可以聯合展開生產經營活動，形成強大的整體優勢。

進入二十世紀八〇年代以後，在錯綜複雜的世界經濟關係中，出現了兩大令人矚

目的趨勢：一是各國經濟摩擦日益激化，導致貿易保護主義重新抬頭；另一是國際性合作普遍興起，造成既競爭又協調的格局。這些現象乍一看是十分矛盾的，其實則不然，各國經濟都被捲入世界經濟的大潮，全球的經濟聯繫形成了共體的基礎。特別是當今以世界市場為目標的國際性企業不斷增多，在企業經營資源有限的條件下，需要到廣闊的世界範圍去尋找技術上或貿易上的優秀夥伴，來共同分擔風險，開發市場，參與競爭。甚至可以說，市場競爭越是激烈，國際性合作越是必要。所以，在現代企業經營管理中，樹立國際合作經營觀顯得尤為重要。

在圍繞全球市場展開激烈競爭的世界汽車製造廠商中，一再出現國際性業務合作的事例。美國通用汽車公司與日本豐田汽車公司的合作便是最為典型的一例。

二十世紀八〇年代初，日美貿易呈現一面倒的局面，兩國經濟摩擦逐步升級。對此，美國政府提出要求日本自動限制對美國市場的汽車出口。

日本本田汽車公司等也把握時機，率先打入美國投資設廠，盡占優勢。這些都直接威脅著豐田車在美國市場的地位。因此，豐田公司考慮，要實現贏得全球汽車產量十%的策略目標，絕不能放棄美國這一潛在的巨大汽車市場。豐田公司決心循序漸進，進軍美國。

到美國投資設廠，面臨著全新的經營環境，豐田的管理方式在美國是否行得通？公司與全美汽車工會（VAW）的關係如何協調？有許多風險是難以預料的。豐田公司為了吸取美國當地生產的訣竅，制定了先與美國有實力的汽車公司合作生產的計劃。

從一九八〇年六月開始與美國福特公司商談合作的可能性。然而，豐田公司與福特公司雙方合作生產的車種始終無法達到一致的協議。最終於一九八一年七月終止交涉。此時，豐田公司面對著以尋求新的夥伴，或單獨打入美國的艱難選擇。

但是就在當年秋季，形勢出現了轉機。處於困境的美國通用汽車公司（GM）主動找豐田公司商議合作事宜。到一九八三年二月，雙方達成協議，各出資五十％合辦新聯合汽車公司（NVMMI），生產豐田轎車，年產量二十萬輛。豐田負責制造，採用豐田的管理技術和規章制度；通用負責銷售，汽車使用通用的商標出售。生產地點設在通用公司關閉的加州弗里蒙工廠。從某種意義上說，這是一件劃時代的大事，世界第一汽車廠商與日本第一汽車廠商這兩個汽車巨人成功的攜起手來。

在弗里蒙工廠進行大規模技術更新改造期間，通用公司把預定的三百四十名組長和各部門負責人，送到日本的工廠去進行為期三週的實習。實習的內容不僅限於小型車的生產技術，而且還包括品質管理、提高生產率、降低成本的訣竅、團體協同配合的重要性和世界聞名的「看板方式」的實施辦法和效果評價等，讓他們親身體驗日本式經營管理的精華。

一九八四年十二月，NVMMI完工，日美合作生產正式開始了。豐田公司與全美汽車工會簽訂了勞動合約，並修訂了某些在美國公司裡習慣的做法。例如，把通用公司過去約三十種職務種類削減了三分之二。這一措施，把單一職能制度成功地轉變成多職能制度，為在工廠內部實行彈性人員配置奠定了基礎。當某一工廠或工程特別忙時，工廠或其他單位就可以抽調其他部門的人員去支援。這種充份發揮團體合作配合的現象，在過去的單一職能時代是完全看不到的。特別使通用公司和美國其他公司驚訝的是年產二十萬輛汽車的弗里蒙工廠卻只有二千五百名員工。

豐田公司與通用公司這兩個競爭對手，透過合辦公司進行生產合作為什麼能獲得如此成功？恐怕是雙方在激烈的市場競爭中都感覺到需要對方的協助。通用公司對美國經營環境比較熟悉，但是卻是急需日本的小型車來填補市場空白，和日本的管理技術來降低成本。豐田公司掌握有成功的小型車產品和先進的管理技術，但是卻需要有人來引導它進入美國社會的文化背景——這對管理成功是至關重要的。這便是相互引發優勢，即使是對手關係，也能合作成功。

二、策略聯盟的構成類型

世界知名大企業的策略聯盟是在當今國際經濟舞台上繼企業兼併、收購、合資經營等競相登場後出現的又一種全新的合作與競爭模式。企業經營管理者逐漸認識到，企業欲在競爭中確保其生存，最好的途徑乃是尋求某種競爭的新模式。國際上正在崛起的企業策略聯盟正是這樣一種兼顧競爭與合作功能的新型聯合體，這無疑為企業競爭開發了一條新方向。

一些西方管理學者認為，策略聯盟應是一種鬆散的開放性聯合體組織，因此，聯盟應在按協議規定進行經營管理的總則下，隨著合作各方的利益、條件和需要等方面情況的變化而適時做出各種應變反應。總之，要給合作各方有發展空間和選擇空間，以確立策略聯盟的形成機制如下：各方若有需要與誠意，開始是建立小規模範圍的有限合作關係，隨即會呈現兩種發展趨勢，一種是各方將變得愈益相互依賴，遂以加盟各方的完全結合而告終；另一種是隨著某一因素的變化，各方的依賴程度將逐漸減弱，接著各方關係日趨淡化致使聯盟實際瓦解，各方分道揚鑣。

上述第一種趨勢的結局雖形似企業兼併，但是，策略聯盟的動態性是顯而易見的。

無論如何，它在選擇夥伴方面較後者提供了一種更為機動的轉換機制。而第二種趨勢雖為各自獨立，但這僅僅是競爭中的合作暫告一段落，作為一種策略性選擇，它本質上不同於合資企業的解體。企業的策略聯盟尚屬初級發展階段，因此，自有其不完善之處，其中出現的大多數問題源於策略上的缺陷。如追求短期財務效益，缺乏長遠打算等，如此必使策略聯盟成功的可能性降低。

不過，鑑於企業競爭正在全球範圍內愈演愈烈，可以預料，不僅企業有必要尋求更多的方式來建立策略聯盟，展開協力競爭，而且在不遠的將來，行業的發展也可能有賴於某種形式的策略聯盟。

根據加盟目的，策略聯盟可分為以下五種：

(1)技術開發聯盟。這種聯盟的具體形式有多種，如在大企業與（中）小企業之間形成的技術商業化協議。即由大企業提供資金與行銷力量等，而由小企業提供新產品研發計劃，合作進行技術與新產品開發。又如合作研究小組，即各方將研究與開發的力量集中起來，在形成規模經濟的同時也加速了研究開發的進程。與此類似的還有聯合制造工程協定，即由一方設計產品，另一方提供技術。

(2)合作生產聯盟。即由各方集資購買製造設備以共同從事某項生產。聯盟可根據需要在各合作者之間協調勞動力、傳授製造技術與操作訣竅等。這種聯盟的優越性在於加盟各方可分享到生產能力利用率高的益處，因為參與合作的各方既可以優化各自的品質，而且也可根據需求淡旺季的程度及時而迅速地調整生產量。

(3)行銷與服務聯盟。合作各方共擬合作者所在國或其他特定國家市場的行銷計劃。這樣，加盟各方就能在取得當地政府協助的有利條件下先於其他潛在競爭對手而占領市場。加盟各方也可經由這種聯盟形成新市場，使競爭不至於因各方力量相差懸殊而趨於窒息。

(4)多層次合作聯盟。這種聯盟實際上是上述各種聯盟的組合，即由加盟各方在若干領域內展開合作業務。企業加入這種聯盟可採取漸進方式，從一項業務交流發展到多項合作。

(5)單國與多國聯盟。這是依地域而形成的策略聯盟。行銷與服務聯盟多半為單國聯盟，因為行銷協議總是針對某個特定國家的消費者及其市場。而技術開發聯盟與合作生產聯盟則通常是跨國聯盟，因為工業技術與生產或操作方法一般是可以適用於不同國家的。

根據策略聯盟的組成方式，則可分為如下四種：

(1)聯盟。對單一企業而言，從市場行銷能力、產品開發能力、生產能力方面分析，可能在某一方面能力較強，而其他方面不一定強。若要做到每一個方面都很強必須付出很大的代價，這也是不必要的。其實企業可尋找在某些方面實力較強的企業，形成策略聯盟，形成合作關係，訂立合作協定，互相取長補短，就可以達到加強自己的目的。如建立商業聯盟，利用別人的銷售網銷售自己的產品，給予一定的價格折扣；建立開發聯盟，雙方都派出一定的技術人員開發某一產品，成果共用；建立生產聯盟，不需要自己研究技術改造，增建生產線，找一個同盟廠家進行專業化生產，省時、省力、省費用。現在很多上市公司實行低成本快速擴張，實際上就是這種策略，從宏觀上講，也避免了資源的浪費。

(2)聯動。在市場經濟比較發達的國家，同行業企業都有同業協會，用以協調企業之間的關係，避免互相惡性競爭。制定聯動策略，就是同業企業，定期召開協調會議，協商產品價格調整幅度、產品開發範圍、等級、技改建設等。聯合行動，並不意味著壟斷，也不可能形成壟斷。制定聯動策略，可以針對某一產品、某一領域、某一地區聯合行動。

實施聯動策略，是避免惡性競爭的一種有效策略。在市場競爭中，競爭各方的價格競爭是一種重要的手段，但這並不是唯一的手段。主要的手段應是提高產品品質，建立好售後服務，開發新產品。若單純依靠價格手段，勢必造成行業利潤下降，無力保證產品品質和開發新產品以及產品的升級。實施聯動策略，就是要制定行規行約，實行行業自律。

(3)聯合。又稱水準一體化策略，指同一行業的企業為了提高市場占有率和市場競爭能力而進行的聯合或合資，這種聯合有利於提高企業經營規模，有利於與共同的競爭對手抗衡。近來，全球企業並購聯合風起雲湧，德國最大的工業集團戴姆勒・賓士汽車公司，與美國第三大汽車公司克萊斯勒決定合併，涉及市場金額達九百二十億美元。

同業企業的聯合有利於避免重複開發，有利於現有資源的優化組合，提高生產效率，降低產品成本。尤其是高科技產業，具有人才密集、資金密集和技術密集的特點，要取得高於行業平均利潤的超額利潤，必須進行高投入。因此，實施聯合策略是兩個或兩個以上的企業高素質員工、優質管理的組合，可以實現1+1>2的突破，對尋求新的經濟增長點，形成產業新優勢都是極為有利的。

(4)一體化。又稱前後一體化策略。所謂前，是指企業的上游產品，提供零件部的企業；所謂後，是指企業產品的延伸產品，或經加工的產品。制定一體策略，就是指上下游產品配套，廠家聯合起來，為了和競爭對手抗衡，維護企業的長遠利益，各自做出一些犧牲，聯成一體，整體降價銷售，搶占市場。因為大家是一個利益共同體。

三、策略聯盟的建立步驟

⑴制定策略。這項工作通常包括分析環境以確立來自於競爭對手的威脅和本企業所具有的市場機會，查核本企業的資源和生產能力，評估本企業在現有環境下的優勢與劣勢，然後在共同考慮本企業的長期與短期目標的基礎上確定本企業的策略。在策略制定過程中，其關鍵，一是要明確本企業所具有的使命，這樣，企業的長期目標才能隨之而定；二是要從長計議，特別注重於相對競爭優勢的取得，而不拘泥於一時一地的得失。

⑵評選方案。這項工作幾乎同步於策略的形成。事實上，為最後確定策略，企業須對各種方案進行評選，例如實行兼併策略還是收購方案？企業是依然獨來獨往還是參加策略聯盟？等等。企業在評選這些備選方案時，除了應深刻而全面地領會這些策略方案之外，還須知道實施這些方案將需要的資源以及這些方案將對本企業文化所產生的影響。

⑶尋找盟友。如果以上所制定的策略要求建立一個聯盟，那麼接著就得尋找一個適合的合作夥伴。理想的合作者應能對聯盟起到補缺的作用，比如各方能在設計技術、市場、資源或操作技能等諸方面互補時，合作的機會就會增大。這就要求嚴格考察每個潛在的盟友，切忌匆忙選擇。同時，應尋找那些與你具有共同經營理念的夥伴，至於合作者的財務狀況與組織機構也應是穩定的。

⑷設計類型。建立何種類型的策略聯盟應貫徹因人制宜的原則，即對每個可能的夥伴，都應相對考慮聯盟類型與構成方式。籌畫聯盟過程中，應由中上層管理人員的參與，這樣可取得企業當局對聯盟的支持和對聯盟活動的協助。此外，應挑選善於在群體環境中展開工作的人擔當聯盟的管理人員，曾與合作對方打過交道者不失為有利的人選。

⑸談判簽約。聯盟類型一旦確定，即將加盟的各方就要坐下來談判，合作各方就目標、期望和義務等各抒己見，然後在取得一致意見的基礎上制定出聯盟的細則並簽約實施。

四、策略性品牌合作是更加有效的促銷方式

今天，人們似乎都在追求具有恆久價值的東西。行銷也是如此。問問銷售人員們關於品牌間聯合促銷的故事，回答往往是一致的。為了提高各自的銷量，兩個品牌攜手作一次突擊性的共同促銷活動，然後就各奔東西。

然而，今天越來越多的企業在尋找促銷活動的夥伴時會從策略上進行考慮。他們希望與目標一致的品牌建立起堅實可靠的關係，一種具有長期潛力的關係。簡而言之，他們想「異業結盟」。

行銷代理商雷帝公司的總經理德布格也持同樣意見。他說：「當你尋求合作夥伴時，一開始就要弄清雙方是否具有共同的利益和立場，這一點十分重要。你要尋找的是一個策略行銷同盟——一種雙方都能從中獲益的雙贏促銷夥伴關係。」

那麼是什麼在推動著這一增長？首先是經濟因素。一個企業的財務管得越緊，就越想找個夥伴分擔促銷費用。

全球行銷代理協會主席凱文．艾瑟說：「行銷預算在縮減，促銷預算常常不敷開支，因此你必須找到新的更加經濟的辦法達到目標。」布裡茲公司的副總裁兼總經理

基格納表示了同樣的看法，他說：「在控制行銷成本的情況下，合作絕對會變得越來越重要。這不僅僅是一種趨勢，它已成為一種明智的商業實踐。」

然而，單純的經濟考慮只是這種合作產生的部分原因。奧普康行銷集團總裁及創始人波特．奧斯卡說：「有很多客戶對我們說，他們渴望一種革新性的、不同以往的方法把他們的品牌推到消費者面前。」促銷合作在很多方面順應了這一需求。它讓參與者接觸到新的顧客群，可以在一類商品中產生實質效應，鼓勵消費者試用，同時它還可以為品牌帶來新的銷售管道。

以奧普康行銷集團為例，它一九九八年把加拿大卡伯利飲料公司和加拿大二十世紀福斯電影公司聯合起來作贈品券推銷，透過一部動畫片的發佈把「加拿大飲料」和「福斯」這兩個品牌聯繫了起來。該項目的主要參與者獲得了突破傳統的銷售管道：福斯公司在超商中得以亮相，卡伯利在錄影帶零售店和批發商中贏得注意。

在許多情況下，透過合作，一個品牌有機會借用另一品牌的形象來改變消費者對它的看法，這一點也同樣很重要。高德稱這肯定也是乳品公司生產商決定與新力美洲電腦娛樂公司，在由詹雷帝行銷代理公司設計的促銷計劃中聯手合作時考慮到的因素之一。

在該計劃中，年輕人購買一項乳品公司的產品，就有機會贏得一套新力電腦娛樂系統。該計劃實行後立竿見影。對乳品公司來說這意味著乳製品的品牌上有了增加新力烙印的機會，使得他們更接近目標。作為回報，新力在其目標市場中則增加了亮相的機會。

米勒傑公司和哈雷．大衛森公司兩年的品牌合作就是一個成功的典範。他們的這場異業結合始於米勒傑贊助了哈雷．大衛森公司在威斯康辛州舉行的九十五週年慶餐會。此後就引發了在美國、加拿大等二十多個國家展開的促銷活動。品牌合作對重振米勒傑品牌做出了重要貢獻。

尋找最佳的策略合作關係時要注意以下兩點：

(1)充分考慮。發展行銷合作關係首先要確認時間是否合適你的品牌。通常的規則是，新的品牌或正在重新定位中的品牌不宜分享其他品牌的風頭。一個品牌的實力越弱，就越有被合作夥伴超越的危險。一般認為，最佳的策略合作關係產生於兩個目標一致的品牌之間。但是，這並不意味著兩種產品必須是完全互補的。事實上有時看上去迥然不同的兩種產品搭配起來反而加強了消費者的注意和興趣。

(2)多做調查。不管意向中的夥伴是誰，不要貿然合作。在確立合作關係前要盡可能多做調查。如果前期不做調查，後期就可能懊悔不及。

拉巴特釀酒公司的金凱德對調查工作推崇備至。他說他們公司在考慮建立任何長期合作關係之前，都會要求每位潛在夥伴必須達到一些既定標準，例如：它是不是一個有遠見且成長中的公司？其品牌與拉巴特的品牌是否相容？

顯然，影響行銷合作關係成敗的因素有很多，但連鎖電影院的市場副總裁波羅克認為，在很多情況下，歸根到底是合作雙方中人的因素。他說道：「你與之打交道的人，比你所面對的公司或品牌更為重要，互相瞭解十分重要，你可以寫出非常棒的合約，但合約後面的人才是關鍵。只有與我們具有同樣決心的人，才是我們所尋求的。」

五、交叉行銷，以更低的成本吸引顧客

斑尼頓和摩托羅拉推出一個名為「時尚飾品」的精美呼叫器系列。他們的遠景是將這一新款機演繹成一種時尚，讓顧客根據穿著選擇相配的呼叫器佩帶。摩托羅拉說服斑尼頓准許使用其企業名稱作為新款機的名字，並為摩托羅拉生產新款機的部門提供「創意諮詢」。

微軟和Covey Leadership Center交叉行銷Win95 操作系統的一個軟體程式Microsoft

Schedule+（與）Covey的Seven Habits，將它們結合到Microsoft Office及Microsoft Exchange軟體中。為了與Covey的「最中之最」和目標制定原則相統一，這個程式將支援日常的排程功能，包括輸入編輯個人資訊、制定及平衡生活目標等功能。

斑尼頓和摩托羅拉、微軟與Covey Leadership Center合作的例子說明，交叉行銷不愧為省錢省時、頗有成效的行銷方式。交叉行銷是在瞄準同一市場，但沒有構成直接競爭的企業間進行策略整合。交叉行銷透過把時間、金錢、構想、活動或表演空間等資源整合，為任何企業，包括家庭式小企業、大企業或特許經營店提供一個低成本的管道，去接觸更多的潛在客戶。

交叉行銷方式確有不少優點。它幫助企業在激烈的市場競爭中脫穎而出；保持銷售淡旺季的平衡；激發人們更多購物的動機；費用相同或減少的情況下，能更頻繁地接觸更多潛在客戶；培養與客戶和企業間的信任。

兩個企業建立交叉行銷夥伴關係，能使各自的潛在客戶量增加。三個合適的策略夥伴將能使各自的客戶量增長四倍，而且都無需額外費用。

☑互利互惠，追求雙贏

交叉行銷不僅僅是行銷工具，它更是一種大膽構想。它不是只圖讓人們購買你的產品或服務，而是尋找和你服務同類顧客的其他企業，促進雙方能合作的方式，以吸引現有和潛在的顧客，開發共同的市場。

一家加油站在其油泵上放了一個盒子，盒子正好處在人們的水平視線上，裡面放著交叉行銷夥伴的廣告宣傳單。他們也想透過發放優惠來吸引顧客。實踐證明他們的合作大獲成功。更多的企業加盟成為合作夥伴，他們能為顧客提供更多價值，進而降低了各自的成本，也提高了人們對企業的認知度。

合作夥伴的優惠券在其老客戶中建立起忠誠度。這些優惠券可以出現在其競爭對手毫無蹤影的地方。他們不用為廣告付款，這是互相交換得來的。

策略夥伴為你產品不同的特色廣為宣傳，最能建立你產品的可信度。策略夥伴可以較低的成本接觸到更多的潛在客戶。藉助他們早已發展的銷售商這一強有力的方式，把潛在客戶引薦給每家企業。充份利用合作夥伴的豐富創意，對其顧客的熟諳和正確的交叉行銷方式，他們就比那些有著巨額廣告預算的企業更勝一籌。

建立交叉行銷的關鍵策略是尋找機會，和銀行、加油站和零售店建立夥伴關係。它們都是眾所公認的強力合作對象。它們是人們最常光顧的地方，至少每月一次。三者都在變，都在進入各自的領域。

無論它們怎麼變革，這是三個最有價值、最值得爭取的策略夥伴。這樣你才有可能接觸到你的大眾化顧客，如前面所述的加油站就是例子。

☑尋找令你受益的夥伴

建立交叉行銷的第一步應是充份瞭解客戶。比如說，瞭解最有可能接受你服務的顧客，他們如何決定接受你的服務，怎麼安排他們的生活。一旦你瞭解他們的生活和消費習慣，你就知道應該與哪一類商家建立交叉行銷關係。比如說，透過瞭解，你就會發現許多老客戶可能有些共同點，如年齡、性別、閱讀愛好、喜歡的去處和穿著等。

下面這些問題將幫助你更詳細地掌握你顧客的情況。有了這些資料，你就能尋找令你最受益的夥伴，建立最有價值的交叉行銷關係。

你的顧客住哪裡，在哪裡做事？使用產品後的意見，一般做什麼或去什麼地方？從事什麼職業？他們是怎麼知道你的產品？是否也購買其他企業的產品？為什麼接受你的服務？為什麼他們不選擇其他公司的服務？他們看什麼樣的刊物？最常抱怨或稱讚什麼？什麼時候他們最有可能選擇你的服務？光臨你的公司時，還會買什麼、使用什麼，使你的服務更令人愉快、更方便、更富成本效益或帶來其他益處？

既然你想以極少的精力和成本更頻繁地接觸潛在客戶，提供豐富的資訊或優惠，以吸引人們購買你的產品或服務，你就得尋找最能幫助你的夥伴。選擇合作夥伴時，應多考慮對方的信譽和他們服務的顧客群，而不是他們實際提供的產品或服務。

最好的交叉行銷夥伴應具備下列特點：

服務於相同的顧客群，但不存在競爭；夥伴企業中有相識的經理，有利於共事；服務企業想爭取的顧客；雙方的商業淡旺季能互補，一方淡季時，另一方恰好是旺季；一方的客戶群至少與另一方現有的客戶群一樣大；擁有與對方不同的資源，包括高瀏覽率的網站、客戶資料、專業技能、場地、不同的細分市場等；雙方有可互相搭配銷售的產品或服務；相同的價值觀念。

☑制定第一個既簡單又低風險的交叉行銷方法

與潛在合作夥伴接近時，先說明自己想探索一種新辦法，使他們以相同或更少的費用和時間接觸到更多的顧客。然後自己可試著描述一種打算嘗試的簡單方式，要清楚闡明交叉行銷的好處及責任。

下列技巧可幫你制定第一個既簡單又低風險的交叉行銷方法：

在廣告上印上共同促銷的資訊，如果顧客購買，提供降價、特別服務或便利服務；在雙方的場所和產品上掛對方產品的標誌或海報；在活動或接受媒體採訪時，要提及合作夥伴的優點；向顧客發送雙方的廣告宣傳單；收集顧客資料，向顧客發送共同促銷的明信片；一起接受媒體的採訪；鼓勵員工宣傳合作夥伴的產品能如何與你的產品並用；顧客大量購買時，向他們提供合作夥伴的產品，要求合作夥伴採取同樣做法；合辦店內活動或宣傳活動，比如產品發表和免費講座等。

交叉行銷是一種接觸顧客的有效方法，富有想像力且成本不高，將比你採用傳統的廣告、籌資、銷售或其他促銷法更容易成功，更富有樂趣。

第四節

適應新的潮流，調整行銷對策

一、直接面對客戶，實現無店鋪銷售

一九九八年末，美國《商業週刊》評出了該年度一百大企業，戴爾公司被評為第一名。它不僅戰勝了、康柏、惠普等大企業，就連號稱軟體王國的微軟公司也屈居其後。一個創立於一九八四年的公司，何以能夠取得如此大的成就？答案在於，戴爾的直銷模式發揮了威力。

十九歲的時候，邁克．戴爾決定從堪薩斯大學休學。這位年輕的一年級大學生不想去做醫生、律師或是工程師，而是要成為一名企業家。他創辦一家電腦公司，用他自己的說法是要與「公司競爭」。

戴爾出售電腦的方式有些特別，他沒有在大街上租賃店面，而是透過電話直接將電腦賣給客戶。有人戲稱，戴爾是在家裡從事銷售工作，他身穿睡衣就可以將電腦賣出去。事實上，戴爾開創了直接面對消費者的商業模式，這就是直銷。過去，顧客購買電腦主要是透過電腦經銷商。而戴爾則提出了一個大膽的想法，即「消費者可以透過電話購買電腦」。

戴爾在上大學時就在宿舍裡用零件賣給同學組裝電腦，他由此體會到用戶渴望低成本電腦的心理。他想，為什麼不能再開闢一條直接的供貨管道呢？即客戶打電話過來，銷售者將電腦用郵件寄出去。

當時還沒有哪一家廠商用這種方式推銷產品。但戴爾卻認為，直接銷售對廠商來說可以減少管理費用，獲得更多的利潤，對客戶來說可以提供更便捷更實惠的選擇。戴爾直言：「遠離顧客無異於自取滅亡。還有許多這樣的人——他們以為他們的顧客就是經銷商！我現在還對此大惑不解。」

結果證明，直接銷售使戴爾公司聲名大振，且戴爾的營業額還在快速上升。一九八四年，戴爾公司的營業額為六百萬美元，三年後增加到六千九百萬美元，而到了一九九一年，這一數字已達到五·四六億美元。

一九九五年，戴爾占據了全球三%的市場，一九九六年上升到四%。雖然戴爾的利潤趕不上占據市場第一把交椅的康柏公司，但根據國際資料公司統計，戴爾的增長率幾乎是康柏的兩倍。

一九九六年，戴爾的股票價格漲了五倍，營業額達到了五十三億美元，一九九七年更是創下了一百二十億美元的紀錄。戴爾現有二萬多名員工，在全球三十多個國家設有辦事處，其產品和服務範圍覆蓋一百七十個國家和地區。

透過開發性的「直線訂購模式」，戴爾公司和大型跨國公司、政府部門、教育機構、中小型企業以及個人消費者建立了直接的聯繫。戴爾公司不僅透過免費直撥電話向他們銷售電腦，還為他們提供技術諮詢，並於次日到現場服務。目前戴爾公司每天能夠接到約五萬通這樣的電話。

一九九三年的時候，戴爾曾試圖恢復傳統的銷售方式，但很快就發現行不通，消費者並不認可。戴爾電腦銷售額迅速下降，戴爾公司的股票也從一月份的四十九美元降到了七月份的十六美元。戴爾很快體認到自己的錯誤，並及時加以更正，回到直銷的路上來。

隨著前幾年網路的興起，戴爾將興趣轉到網路直銷，這一次他又成功了。戴爾網路商店於一九九六年七月開業，每天銷售六百萬美元的ＰＣ主機和周邊設備，現在這一數位已超過一千萬美元。戴爾網站包括四十二個國家的網站，每週有二百多萬人瀏覽。透過這一網站，客戶可以瞭解報價，產品比較，展開訂購，獲得技術支援。事實證明，Internet直銷是一個強而有力的促銷手段，戴爾稱八十％透過網站購買電腦的人都是新客戶。

戴爾公司不是第一家、也不是唯一一家從事網路銷售的公司。其他一些高科技公司，例如Cisco公司，在這方面的嘗試也很成功。但是戴爾成功的故事更為精采，因為網路與戴爾公司的直銷模式配合得天衣無縫。戴爾公司直接從使用者手中收取訂單，然後再根據他們的要求組裝電腦。

這種與客戶的直接接觸加強了反應功能，戴爾公司可以生產出客戶需要的任何產品，而不會造成囤積。而其他大多數廠商，無論是康柏、IBM、還是蘋果，都透過傳統管道銷售電腦，他們常常由於對市場判斷有誤而造成產品大量囤積。

戴爾公司只有十二天的庫存，這使公司能對新的技術、顧客需求的轉變以及價格的波動做出快速反應。根據接到客戶訂單再生產的原理，它最近甚至還設計出了沒有倉庫的工廠。戴爾本人提出：「如果我們不給倉庫留地方，就不會有庫存。」對戴爾的這種做法，外界給予高度評價。

美國著名管理學家邁克爾・哈默寫道：「這樣的效率有助於使國家經濟免受週期性的繁榮和蕭條的影響。如果企業在經營繁榮時期不再生產過剩，那麼當需求降低時，企業就不至於被迫減少產量，解雇員工。」目前很多電腦廠商已開始向戴爾學習，把市場和技術資訊放到網頁，與客戶建立直接的聯繫。與電話訂購方式相比，網路銷售有更多的優越性。顧客不再需要打電話給公司，而只要直接上網即可。

戴爾提供了有關技術支援、產品和定價資訊的相關服務，因此，它可以用更少的員工與更多的客戶打交道，此舉節省了大筆開支，包括巨額的電話帳單。目前，戴爾公司準備進一步擴大其網路業務。公司甚至還提出了一個更為宏大的策略，即在全球範圍內，讓所有的顧客在網路進行一切交易。

戴爾公司的成功經驗可以歸納為一句話：「直接面對客戶，實現無店鋪買賣」。無店鋪買賣是現代行銷理論的新名詞，它的本質是無店鋪經營。歸納起來，無店鋪買賣有四大類別：直接銷售、直效行銷、自動販賣機和購物服務公司。

☑直接銷售

直接銷售，有人稱為訪問銷售。它是利用銷售人員面對面的方式，進行推銷產品和服務的活動。其本質特徵是人員銷售，產品隨身攜帶，當面交易。與店鋪買賣相比，交易地點由商店變更到顧客工作或生活所在地，顧客仍有條件在若干樣品中進行小範圍的選擇。

☑直效行銷

直效行銷不是推銷員上門推銷，而是以媒體如廣告張貼、報紙、雜誌等為銷售手段直接向各個顧客發佈商品資訊，或者以電話、電視、廣播等通訊媒體進行商品或服務資訊的傳達。顧客一旦產生購買慾望，以郵信、電話、傳真的方式表達購買意願，然後，以郵寄、宅配或顧客到指定地點取貨的方式完成商品運送，最終完成交易。在一般的情況下，直效行銷不是廠商的直接銷售，它常常透過中間商來進行。當然，許多廠家兼營小量的直效行銷業務。

直效行銷主要有六大類：目錄行銷、直接郵寄（直達廣告）行銷、電話行銷、電視直效行銷、電台、報刊直效行銷和電腦網路行銷。

(1)目錄行銷。也有人稱為ＤＭ型錄，即事先印刷、裝訂好成冊的商品目錄，包括圖案、規格說明、價格及訂單等多項內容，按著顧客名單郵寄目錄，或透過目錄櫃檯或陳列架發送給來店顧客。顧客根據目錄選擇商品，將訂單郵寄給目錄代理商或打電話訂購。目錄代理商再將商品寄送到顧客手中。

(2)直接郵寄行銷。即將宣傳商品或服務的信件、傳單與廣告，分別寄給有購買潛力的顧客；這些顧客名單及地址常是從郵購公司所購買的。目前的直接郵寄行銷已不是採取全面寄達方法，而是事先精心選擇購買可能性最大的顧客。顧客可透過函件、電話等媒介表述購買決定，直銷商郵寄或送貨上門。

(3)電話行銷。即依據電話號碼名單，由推銷人員運用技巧性談話，直接向顧客推銷商品或與顧客約定時間，進行訪問推銷。一般透過兩種方式進行：一是專門提供接聽服務，透過電話專線接受顧客訂貨、諮詢或處理抱怨，由公司負責專線費用；二是提供外聯服務，以溫和的推銷方式，禮貌地用電話推銷產品或服務。

(4)電視直效行銷。即利用電視媒體向大多數顧客直接推銷產品或服務，並以電話或信函獲取反應，取得訂單的行銷方式。一般採取兩種方法：一是直銷公司購買三十～六十秒的電視節目廣告時間，介紹產品，顧客「透過免費電話」訂購廣告宣傳的產品；另一種方法是透過有線電視頻道，或地方電視台播出一套完整的節目，專門銷售各具特色的套裝產品。

(5)電台、報刊直效行銷。即利用電台、報紙和雜誌等媒體向顧客推銷產品，聽到或讀到有關商品資訊的顧客可打免費電話訂貨。

(6)電腦網路行銷。即透過電腦網路將商品或服務資訊傳達給特定顧客，顧客也透過電腦網路將訂單傳回給電腦網路代理商，最終完成交易。具體地說，可採取多種方式，諸如顧客可以透過視訊系統，操作一個小型終端，用對講式閉路電視訂購商品；也可以將訂單連同信用卡號碼一起打入電腦；還可以透過電話進行訂購。

☑自動販賣機

自動販賣，是利用自動販賣機進行買賣的形為。買者向機器中投入指定的交易媒介（硬幣或磁卡），機器自動交付商品和找零錢。自動販賣已被廣泛地運用到多種類商品上，包括那些方便性的購買品，諸如香菸、飲料、糖果、報紙和熱飲料等，一般是滿足人們臨時性需要的；也包括一些日常用小商品，諸如點心、熱湯和食品、襪子、化妝品、書籍、T恤、鞋油等；另外，自助洗衣、自動行李存放、自動計時停車場也屬此類。

自動販賣機有三大便利條件：一是二十四小時服務；二是顧客自我選擇、自我服務；三是顧客無需搬運商品，隨用隨買。

但是由於這種售貨方法需雇用固定人員經常為分散的自動販賣機補貨，費用較大，機器損壞率較高，失竊也時有發生。因此，其銷售商品的價格往往要比非機器銷售高十五%~二十%，但仍然顯示出良好的發展前景。

☑購物服務公司

購物服務公司是一種會員制的仲介公司。它本身不設店鋪，專門為某些特定的顧客提供服務。諸如學校、醫院、工會和機關的成員都可成為購物服務公司的會員，會員可以以優惠價格向指定的量販店買貨，被指定的量販店需向購物服務公司支付小筆費用。實際上，顧客最終還是在有店鋪量販店那裡完成購買的，只是購物服務公司自身屬於無店鋪買賣形式。

二、依靠「大市場行銷」在激烈競爭的市場上立足

「大市場行銷」是指企業為了成功地進入特定市場或者在特定市場經營，而應用經濟、心理、政治和公共關係的等各種技能，以贏得若干參與者的合作而進行的活動。具體來講，它是在四P（即產品、價格、分銷管道和促銷）組合外加上「權力」與「公共關係」兩個P。

這裡著重講述後兩個P權力行銷和關係行銷。

☑權力行銷

具有影響或控制他人行為和事態發展的能力稱為權力，因此消費者的購買過程受到權力的影響是很顯然的。如果行銷者能正確地充份運用自己所擁有的權力或藉助他人的權力對消費者的購買行為實施正面影響的話，那麼，權力就成為行銷組合的因素之一了。權力可分為法定權力、專家權力、信仰權力、參照權力和獎懲權力等。這些權力都可能為行銷活動創造機會。

⑴法定權力是指在社會或組織中處於一個法定地位上所具有的權力。一個城市的教育單位可以決定全市的中小學生都要有一套統一的制服，如果哪個服裝廠家能藉助到這個權力的話，就獲得了一個龐大的市場機會。

⑵專家權力是指具備或者被公認是某個領域裡的專家所具有的權力。醫生自然是識別藥物的專家，製藥廠請有名的醫生在大眾媒體上為它的產品做代言，就是在運用專家權力進行行銷。

⑶信仰權力是指由於人們對某種思想深信不疑而形成的某種權力。市場上大量冒牌產品的湧現，正是利用了人們對名牌產品的信仰而進行的非法行銷。

如知名食品業的奧裡伊達食品公司進軍日本市場時，決心讓日本人把美國穀類食品當成日常食品。日本人不愛吃穀類食品，如何改變其飲食習慣呢？該公司抓住日本人崇尚歐、美名牌的心理，並把它列入麥當勞速食的早餐食品中，廣為宣傳，終於促使日本人紛紛去超級市場購買穀類食品，依照奧裡伊達公司的做法食用穀類食品。現在，有十%的日本人認為，穀類食品是早餐中不可缺少的食品。

(4)參照權力是指人們心中的偶像或社會中的意見領袖對人們的影響與控制。行銷學中常把「早期採用者」或「喜新厭舊者」作為「意見領袖」。當今最典型的例子是歌星、影星成為新一代青少年的「崇拜偶像」，如何藉助他們的影響力展開行銷活動，早已被許多商家關注。

(5)獎懲權力是指具有對他人施行懲罰或獎賞的權力。

☑關係行銷

關係行銷就是透過建立和維繫與消費相關者之間的長期良好關係，充分利用和強化各種形式的關係網路來展開行銷活動。

人類社會交往關係有理性的一面，也有感性的一面。如果說商品與貨幣的交換關係是銷售者與購買者交往過程中理性面的話，那麼伴隨著人與人交往而出現的資訊交流和情感溝通則是交往過程的感性面。

在一個健康的購買過程中，購買者不僅得到了物質需求的滿足，而且得到了情感的滿足。這樣的雙重滿足，自然會導致消費者對某些產品或品牌產生偏好，對銷售者本身也從熟悉進而產生信任感。這種感覺若能在以後重複和強化的話，購買者就變成了銷售者的忠實顧客群中的一員。

世界知名企業都是成功的「關係行銷專家」，它們的生意成就已引起世界性的關注，在它們諸多的成功因素中，不可忽視的一個是它們形成的生意關係網路。而這種網路關係圈往往又是以社團形式出現。

大多數世界知名企業家參加多個團體，這些團體透過感情聯絡，在生意上互相關照。在現實生活中，人們為了避免上當吃虧，尋求熟悉的關係來購買所需商品已成為一種普遍的現象。這也為人們重新認識關係行銷提供了一個社會基礎。

展開關係行銷要端正認知上的定位。一是將「關係」與「走後門」等不正之風聯繫起來。其實任何事情都有正負面。而正確發揮關係在行銷中的積極作用是關係行銷的本意。另一是認為「關係」對企業無足輕重。

其實，「關係」是企業的一種帶獨占性的、幾乎不能轉讓的無形資源，企業必須充份加以利用。

很多成功的企業在展開關係行銷時都注意做到：

(1)銷售過程中加強與顧客的感情溝通，真正做到童叟無欺，坦誠相處，買賣不成仁義在。

(2)建立客戶檔案，不時透過各種關係維繫感情，不斷地把暫時顧客變為長久顧客。

(3)強化「服務」意識，要求一線人員記住顧客姓名，笑臉待人，主動招呼等。

(4)充份利用各種機會參與各種社會團體活動，鼓勵員工與社會各階層建立廣泛的聯繫。

(5)建立公司立體化的關係網路，保護網路成員利益，並把關係網路管理列入公司管理議程。

☑大市場行銷的基本方式

(1)提供報酬。常用手法如：獎賞、餐會、送禮、捐款等。還有一些更為巧妙的手法，如給予回扣，即透過向對方提供祕密回扣，誘使對方為本公司服務。日本電視機之所以能進入並進而占領美國市場，其中手法之一就是向美國進口商提供祕密回扣，進而使電視機傾銷得以成功，把美國的廠商從市場擠出。

另一方法是提供專業知識或資訊，即向合作的對方提供一定的專業知識、技術協助或某些特殊資訊等。如百事可樂之所以成功地進入印度飲料市場，一方面是百事公司與一個印度集團組成合營企業，並使其合營條件越過了印度國內飲料公司的反對和反跨國公司立法機關成員的反對，進而獲得了印度政府的批准。

另一方面，百事公司提出，它將幫助印度出口農產品，並使其出口額大於進口飲料的成本，並保證把食品加工、包裝和生產方式等新技術提供給印度。

(2)利用合法權力。即利用向對方提出某種要求的合法權力。如美國摩托羅拉公司向日本銷售電訊設備時，他們一方面對電訊產品重新設計，以適應日本方面的嚴格要求；另一方面透過華盛頓當局向日本政府施加壓力，使日本首相出面要求日本電器公司把摩托羅拉公司列為標準的供應商之一。

(3)利用聲望。這種方式是利用名望，要求對方服從自己的意願。例如，著名的克萊斯勒公司，其總裁艾科卡曾要求會見某國官員，以便提出在該國開辦一個克萊斯勒分公司的要求。

(4)採取脅迫。在雙方協商中如果遇到對方不接受任何積極的誘導時，可以採取威脅的手段。例如，揚言撤銷給對方的援助，或調動其他集團也向對方施加壓力等。如美國電腦公司曾促使美國政府向巴西施加壓力，如果巴西拒不取消「禁止外國電腦在巴西銷售」的法案，美國將禁止進口來自巴西的各種產品。

但是，採用這種手段時必須謹慎行事，因為它可能會引起對方的敵視態度，造成事態惡化，適得其反。

☑大市場行銷的基本步驟

(1)探測權力結構。經營者必須首先瞭解目標市場中權力分佈的情況。權力結構主要有三種類型：

第一，金字塔型結構。這種結構的權力集中在統治階層，它可以是一個人、一個家族下一家公司、一個行業或一個派系。中層是貫徹統治層意圖的，下層是執行者。

第二，派系權力結構。這是指在目標地區中有兩個以上的集團彼此競爭。在這種環境下，公司必須決定與其中哪些集團合作。而一旦和某些集團結成聯盟，往往會影響與其他派別的友好關係。

第三，聯合權力結構。各權力集團組成臨時聯盟，公司必須透過聯盟來支持公司。在弄清權力結構後，公司必須對各方實力進行評估對比，以做出相應的對策。

(2)設計整體策略。在進入一個封閉市場時，公司必須先分清各個集團誰是反對者，誰是中立者，誰是同盟者，可供選擇的整體策略有：

第一，補償反對者所受損失，使其保持中立。應把對受害者的補償包括在總成本內、將支持者組成一個聯盟，以壯大自身的力量。

第二，把中立者變為同盟者，需要時向中立者提供報酬或施加影響。

第三，制定實施方案。一旦選定了整體策略，還必須制定出實施方案，規定由誰負責哪些工作，何時完成，在哪裡完成，以及怎樣完成。

三、重新劃分行銷行為的步驟，建立和加強與客戶聯繫

疲於應付廣告，調查及促銷等各種部門之間的衝突是否會降低行銷部門的整體性能？有沒有更好的辦法，可以對性能進行測定？貝爾南方電訊公司另辟捷徑，為這些長期困擾行銷部門的管理問題，提供了一個新穎的答案。

貝爾南方的行銷部門管理處主任弗瑞達．海隆說：「不要把行銷作為一團互不相干的功能集合進行管理，也不要只分析已經發生問題的系統。」該公司把行銷行為分為旨在爭取並留住客戶的七個過程。每一步都需要一個或幾個部門的通力合作。

根據海隆的說法，這是設計一個過程，它能提高工作性能和責任心，降低各部門之間的內耗，加強上層管理人員對分散式行銷操作的監督。儘管人們對此褒貶不一，但它仍不失為一種靈敏的新方法，能充份觀察行銷是否達到預期效果。

系統設計九個月後，隨著市場競爭的不斷升級，貝爾南方公司便開始進行廣泛管理培訓，使系統投入運行。

當海隆和測定系統公司負責人菲力・亨德利要求廣告、調查、促銷、定價和產品管理部門的行銷專家們交流曾經應用過的性能測定方法時，其結果令他們感到吃驚。他們認識到，由於各部門互相分離，所以在發揮各功能的預期性能方面便顯得效率低下，效果不佳。

海隆說：「我們曾圍繞市場建立組織機構，比如消費者市場、業務市場、以及我們廣大的業務服務市場，但我們在每個市場內都建立了一種行銷結構，每個市場都各自為政，結果，雖然我們還未發現測定缺陷，但也很難找出一套統一的測定方法，也無法對各種測定方法統一衡量。」

一般情況下，公司測量行銷性能，先是每個功能進行最佳實踐測定，然後匯總資料。但是海隆提出了一個疑問，那就是看起來「令人愉悅的」功能尺度是否真正能反映出該組織整體行銷實施的優劣程度？

他回憶說：「當我們開始匯總資料時，我們發現這是一種過時的方法。」接下來他又發問：「某種功能在局部意義上的成功是否代表全部成功？在調查部門措詞華麗的溝通調查報告背後，是否隱藏著市場價格調查不力的事實？」與只著眼於已經出現問題的行銷系統相反，貝爾南方公司和測定系統公司，把行銷行為重新劃為旨在建立和加強客戶聯繫的七個步驟，每一步都與若干個傳統行銷功能相對應，有許多功能涉及一個以上的步驟。

如海隆所介紹的，這些步驟包括：

(1)學習／甄選：選擇策略，鎖定市場和客戶，它涵蓋市場策略、調查、競爭分析和分組等部門。

(2)配套／革新：開發新型產品和服務方式，重新包裝現有的產品和服務；它需要產品開發、調查、產品管理和分組等部門的協助。

(3)確定價位：涉及到調查、產品管理、競爭分析及定價等部門。

(4)宣傳：向客戶宣傳品牌和產品形象，牽涉到廣告、調查、產品管理等部門。

(5)激勵：利用促銷手段刺激購買力，通常以降價方式較為顯著。

(6)銷售：保證貨源，議定價位，它需要銷售、促銷管理以及銷售管道開發與管理等部門的協助。

(7)服務：提供服務並保證品質，它涉及到銷售與服務、品質管理及客戶滿意度調查等部門。最後一條是「客戶部門價值」。海隆和亨德利說，他們已經建立了一個綜合性能評估系統的「測定表」，內容被限定為九項財務與市場考核指標，可在不同部門之間良好地傳遞，有助於進行直接對比。

貝爾南方公司的行銷價值鍊是一種瞭解行銷協助的有效方法。如果我們目光越過狹窄的功能型思路，便不難回答諸如：「我們真的需要作廣告嗎？」「我們如何對抗競爭對手的降價手段？」或者「如何留住客戶？」之類的問題。

第六章

依靠實力在競爭中獲勝

第一節 依靠創新和進取立足市場

一、只有不斷創新的企業才有生命力

企業是為獲取盈利而存在的。在市場經濟中，企業只有透過競爭才能獲得盈利。那麼，為什麼競爭能夠持續不斷地進行下去，為什麼競爭中的勝負會此起彼落，並且愈加激烈呢？對此，唯一的答案就是企業創新。

人們通常把企業創新主要理解為技術進步，即產品開發、工業技術裝備改造等一系列技術更新活動。實際上，企業創新包括著許多內容，也涉及到企業經營管理的方面。因此，廣義的企業創新，是指一切有助於提高企業效率並最終能夠有效增加企業收益的各種技術、方法、手段和制度的改進。

但從競爭的角度和最主要的方面來理解，企業的創新有著兩個基本的方面：一是技術創新；二是組織創新。技術創新或技術進步，在人類社會的文明進步中始終扮演著十分重要的角色。

從發展的整體來看，人類的技術創新活動存在著兩個顯著的特點，一個是技術創新的步伐在明顯加快；另一個則是技術創新變得越來越有規律可循，越來越具有可預測性和延續性。技術創新的這兩個特點不是產生於技術本身，而是產生於市場經濟條件下的競爭需求，是有著強烈和明確的收益動機的。

早期的汽車發明在很大程度上是一種愛好者和獵奇者的發明，它作為代步和運載工具的作用在經過相當長的一段時間內，特別是在第一次大戰中，法國人首次組織汽車部隊緊急調運軍隊，有效地阻止了德軍對巴黎的侵入，在戰後盛行享樂主義與郊遊之後，才最終被人們所認識和接受的。而現在，無論是汽車還是其他產品，它們的開發與研製都需要事先進行大量詳細的市場調查。

技術創新要適應和滿足市場不斷變動著的需求，因此，它實際上是沿兩條軌道展開的活動：一是產品的創新，在這個過程中，適應於市場需求和消費時尚的新產品，會給企業帶來超額的利潤，而產品陳舊的企業則會失去市場；二是工業技術裝備的創新，它不僅為新產品的開發提供著技術支援，而且也為降低生產成本、提高勞動生產效率和產品品質形成的穩定性提供了核心技術基礎，進而能夠以最低的成本生產出同一價位和相同品質產品的企業，在市場競爭中或獲取到更大的收益。或透過低價競爭排擠競爭對手，占有更大的市場比例。組織創新對提高企業的競爭能力同樣具有重要意義。

從歷史上看，在工業化初期，大部分企業都是以家庭資本為主的，企業規模小，經營半徑（產品銷售的區域分佈範圍）狹窄。以往企業內部組織結構上，所有者即是經營管理者，而且往往身兼數職，既是老闆，也是物料的採購員、生產的計劃者、作業的監工、成本的核算員和產品的推銷者。

隨著經濟的發展和市場需求的擴大，這種小本經營式的生產組織難以適應市場競爭的要求，進而產生了既能有效地籌措和集中資金，又能解決資源不對稱性（如有資本的無專有技術，有專項技術發明的無資金來源）矛盾的股份制企業。

從此，股份制企業開始以其兩種主要方式，即股份有限公司和有限責任公司，在各國經濟發展中開始成為最基本的企業財產組織制度。隨之而來的，是所有者、所有權與經營管理者、經營管理權的分離，所有者作為股東，成為純粹為獲取收益和分享紅利的投資者。經營管理者變成了一種專門的職業和獨立的社會階層，他們進入到企業，組成專家集團，對企業進行經營管理。

在企業內部，組織結構逐步開始在橫向和縱向方面發生變化，一個又一個的部門被分解出來，起初可能是計劃與財務會計，接著又有生產、品質、供應、行銷、人事，等等。同時，在縱向也出現了上下分層的權力結構，從董事會、總經理、副總經理到其他部門經理、工廠主任、工段長乃至班組，一層層被劃分出來，進而在企業內部形成了被縱橫分割的權力網路和責任網路。正是由於這種企業組織形態和組織結構的變動，一方面使企業能夠不斷地壯大，透過發行股票籌措所需的資本，透過合併、兼併和控股、參股使企業可支配的資產迅速增加，產生出一個又一個大型特大型企業。

另一方面，又使企業內部的分工和專業化更為明顯，各類專家，從工程技術人員到經營管理人員甚至心理學家、環境保護專家和律師都紛紛進入到公司中，成為了企業的主宰，進而使企業在規模不斷增大的同時變得比以往更有效率了。

組織創新的另一個直接結果，就是提高了企業在市場競爭中的適應能力，或者說，使企業組織更具有了彈性。一方面，以股份制公司為基本形式的企業財產組織制度，使企業規模的擴大和調整能夠透過股票、買賣及其他方式在市場交易中順利地實現，大大提高了資源配置的效率。

另一方面，在企業的經營結構上，多角化經營或多元化經營的發展，擴大了企業盈利的基礎，企業能夠從多種投資管道獲得收益或根據市場的變化調整投資方向，也可以運用策略組合和交叉補貼戰術，更有效地支持某一領域的競爭行動。在企業的組織體制上，結構形式從傳統的直線職能制逐步轉變為事業部制、矩陣制、交叉小組制等多種形式，權力結構更為分散化，進而使組織更富有創造性，對外在環境變化的調整也更加靈活了。

二、把握綜合堅固的經營策略，秉持商業進取精神

國際商用機器公司（ＩＢＭ）是世界上最大的電腦製造商，長期以來，一直壟斷著世界電腦市場，是美國的壟斷組織中最具活力的大公司。ＩＢＭ雄霸資訊處理設備和辦公設備市場數十年而不衰，要歸功於它始終堅持了以下五項經營策略。

(1)緊緊把握市場變化。ＩＢＭ每一次都緊緊跟上，從未出現過策略錯誤，從真空管電腦到積體電路電腦，從未在技術上落後於其他公司。在個人電腦市場前景初見端倪時僅用幾個月，就拿出產品投入市場，搶占了二十%的市場；僅個人用電腦一項產品，年營業額就達到十五億美元。

(2)注重服務品質。經營的基本信念正如該公司一則廣告中所寫的那樣：「意味著服務」。它清楚準確地闡明了要為顧客提供最佳服務的信念。服務是取得良好信譽的關鍵。而且向來把服務的品質與產品品質同等重視。當推出第二代電腦時，就向麻省理工學院贈送一台，並捐贈一筆費用，請學院培訓操作人員。維修電腦也是公司重要的服務專案。它不但維修本公司的產品，還負責維修其他公司的產品。曾有人提出維修別人的產品會不會自斷財路，影響本公司產品銷售。公司服務部總經理責克道爾說：「電腦用戶每年的維修費用近千億美元，我們為什麼不能分點過來，而且這樣也會提高公司形象。」現在公司收入的十五%～二十%來自於提供的各種服務。

(3)提倡「員工共識」，鼓勵員工參與管理。在公司，員工受到充分的尊重和信任，可以自由發表意見，公司總裁威爾森說：「讓員工自由發表意見，並訴說自己的困難，可以使公司上下打成一片，消除隔閡。公司的各級主管也因此不敢濫用職權，最後自然會給全公司帶來最大利益。」

IBM在各處設有意見箱，鼓勵員工們提供改革意見，經專人審核。認為確實可行的，立刻採用，且給予重酬，公司平均每年可收到十萬張意見卡。在這個公司有才能的員工不論原先做什麼，一經發現，都可以委以重任。現任公司總裁的艾克斯，沒有任何背景，完全憑著他的才能，從推銷員開始，一級一級地提拔到公司最高領導的位置上。

(4)敢於改變傳統的經營方式。IBM在開發個人電腦時，就利用外界廠家的微處理機、磁片驅動裝置技術，大大節省了開發時間，使個人電腦搶先上市。在個人用微電腦上市後，還把個人電腦的結構公佈出來，並把使用的軟體也公佈出來，吸引了人們的注意。這樣它無需花費巨額宣傳費，就在短時間內為個人用電腦打開了市場。

(5)利各種手段，無情地打擊對手。IBM為了確保霸主地位，對於每一個有威脅的對手都採取無情的打擊策略。IBM在競爭中經常交替使用的對策是：大幅度降價和推出更高的新產品。美國、日本和歐洲的同行企業都吃過IBM的苦頭。在二十世紀七〇年代末，一家專門生產中型電腦的MCS公司，利用IBM交貨不準時的問題，成功地搶去了IBM的不少生意。但好景不常，一九八一年起，IBM展開反擊，一方面大幅度降低原有產品的價格，另一方面相繼推出兩種新機型，使MCS公司受到致命的打擊，最終在一九八三年三月結束營業。

正是憑藉以上五條策略，IBM才發展到今天的地步，展望IBM的前景，一位史丹福大學的學者指出，如果IBM能繼續綜合堅固的基礎和商業進取精神，將能在很長一段時間內，繼續壟斷世界電腦行業。

三、適應市場發展客觀規律的要求，依靠品質和服務占領市場

隨著日本汽車工業的發展，日本汽車與先進國家汽車在技術上的差距日趨縮小，強大的國內汽車製造基地，不僅為其繼續發展提供了寶貴經驗，而且為其海外擴張奠定了物質基礎。為保護在美國汽車市場已有的陣地並繼續擴大戰果，豐田公司在「進攻性策略」的指導下，發揮一整套策略體系的合力作用，導演了一部進入美國市場的喜劇。

(1)在產品策略上，提高品質。豐田公司面對美國、西歐的強勁競爭對手，避實就虛，生產高品質、小型化，具有便利性、可靠性和實用性的小轎車，其目的在於使日本轎車作為一種交通工具為美國廣大消費者所接受。消費者接受的範圍和程度決定了產品進入國際市場的命運。

豐田轎車造型優美，內裝精緻典雅，舒適的座椅、柔色的玻璃，引擎的功率和性能比西德大眾公司的汽車提高了一倍，甚至連汽車座椅的長度和腿部活動的空間都是按美國人的身材設計的。由於適合美國大眾消費者的口味，豐田車一進入美國市場，

很快就建立起較高的品質信譽，每銷售一百輛中顧客不滿意率，從一九六九年的四・六％下降到一九七三年的一・三％。

當豐田汽車在美國站穩了腳步，他們並未偃旗息鼓，而是迅速採取產品擴張策略，即不斷地改進產品以滿足更大的市場需要。產品擴張策略依賴於勞動生產率的提高和產品品質的不斷完善。豐田公司為此連續追加投資，建立起擁有最先進設備的工廠，培養一流的工程技術人員和訓練有素的一線工人，強化科學管理，為大幅度提高勞動生產率和規模經濟效益奠定了基礎。

一九五八年豐田公司每人平均年產汽車一・五輛，一九六五年為二十三輛，一九六九年再度提高到三十九輛。同期，美國通用汽車公司僅從每人平均八・九輛提高到十一・四輛。提高產品品質，創造無缺陷產品是豐田人的座右銘。他們將品質控制集中在生產過程的生產線上。每一道程式的工人從檢查上一道程式的生產品質開始自己的工作，視品質為企業生命。「小組」發揮了重要的作用，進而保證了豐田車的信譽。

(2)定價策略上，採用低價方針。豐田汽車打入美國市場主要採取競爭性滲透定價策略，其目標不在於獲取單位產品的高額利潤，而在於最迅速地攻入市場，獲取盡可能大的市場占有率，建立起長期的市場領先地位。為了進入市場，爭取潛在的顧客群，制定大大低於競爭對手的價格，將短期的利潤損失作為開發長期而廣闊市場的一種投資。

隨著市場占有率的擴大，刺激有效供給的增加，單位成本的降低，即使價格不變，也能保證長期獲得一個相對穩定的利潤總額。豐田汽車在進入美國市場時售價不到二千美元，爾後推出的新車型售價不到一千八百美元。在小轎車技術差距已經消除的七〇年代，同類車型且功能一樣的轎車，豐田車比美國車低四百～一千美元。

這種進攻型低價策略，加上品質高、性能好和維修費用低，產生出一種滾雪球效應，為豐田車樹立起物美價廉的良好形象，使美國廠商既無還手之力，又無招架之功，大片的市場逐漸被豐田所吞食。

(3)採取有效的分銷策略。在分銷管道策略上，豐田公司在對競爭者詳盡分析的基礎上，選擇了一整套有效的分銷策略，以保證其產品暢通無阻地進入目標市場。首先，提供良好的販售和售後服務，在發動每一次銷售攻勢前，建立廣泛的服務據點，提供充足的零配件，為銷售築起牢固的支撐點。

其次、選擇重點銷售市場，集中全部銷售力量對目標市場重點進攻，在對重點市場基本滲透之後，再進攻下一個目標市場。豐田汽車打入美國市場的初期主要選擇了西海岸的四個城市：洛杉磯、三藩市、波特蘭和西雅圖。當建立起市場面後，便開始對美國市場發動全線進攻。

實踐證明，這一策略對觀察整個市場態勢，及時發現和更正錯誤，累積國際市場行銷經驗是十分有益的。第三，嚴格篩選代理商。一流的商品必須有一流的經銷商。選擇的代理商應是資金雄厚、聲譽高、具有豐富行銷經驗的中間商和量販店。特別是在進入國際市場的初期，重金聘用當地商人或是國外代理商經銷商品，不僅可減少行銷風險，增加銷量，而且可以為自己的銷售公司提供示範和培養人才。

第四，用豐厚的利潤扶植和激勵經銷商，豐田公司進入美國市場時以每輛一八一美元的利潤讓給經銷商，這一數額大體與經銷一輛大型轎車的利潤相等，這在有些人看來簡直不可思議。

而短短的幾年時間，豐田公司便躋身於世界汽車銷量最大的企業行列之中，令當初視其為「傻瓜」的人目瞪口呆。

(4)在促銷策略上，注重廣告。豐田公司為了有效地滲透到美國汽車市場，促銷策略的核心是集中全力直接針對目標市場大量作廣告。為了提高豐田汽車的形象，在電視上大打廣告的宣傳戰，使豐田公司在目標市場的範圍內家喻戶曉。

一九六五年，豐田公司緊緊抓住其他外國汽車廠家尚未利用電視做廣告的機會，壟斷了小轎車電視廣告的播映權。這一時期豐田廣告支出高達一千八百五十萬美元。豐田汽車廣告的內容由專家精心設計，絕不粗製濫造。

為了避免刺激美國競爭者，不使日美貿易矛盾尖銳化，豐田廣告儘量迎合美國人的喜好，在大力宣傳交通工具在美國的重要性的同時，提到豐田汽車種種良好的功能和給消費者帶來的利益。這種「具有美國精神的進口汽車」廣告戰，終於使豐田轎車在沒有硝煙的和平環境中名揚美國市場。

四、從「人無我有」到「人有我優」

開發出一項新技術，就能夠至少在短時期內占領市場。「真視公司」憑藉其精密的軟體設計，占領了台式視頻系統和電腦圖形技術兩大市場。他們面臨的挑戰是：從「人無我有」到「人有我優」。

「真視」的主機板可以將個人電腦轉換為專門用途的、高功率的視頻圖像系統。電視新聞部也可以用這些主機板把某些專題製作影像檔；攝影棚也利用它們製造出令人眼花繚亂的場景；一些公司的影視部門運用它們從事有聲有色的商品展示；化妝品公司利用該技術使產品特性科學地視覺化；建築公司透過把「真視」軟體接入PC主機可以惟妙惟肖地顯示出建築物未來的模樣。

「真視」主機板能讓使用者獲得多種立體視覺形象和攝影圖像，比如動態的、三的，並可用來進行產品展示。但是，製造的成本卻令人咋舌，一套視頻圖像系統需十一•五萬～八十四萬美元。但把「真視」主機板接入個人電腦只需一•一萬美元。價格低廉且能實現同樣的功能。

個人電腦目前最熱門的領域是多媒體電腦，這也正是「真視」的市場。這些媒介包括聲音、動作、圖示、視頻等，其中「真視」占了其中很大一部分。現在，位於印第安那州的「真視」公司必須為避免成為自身成功的犧牲品作鬥爭。凱瑟利•艾納是公司總裁。他回憶道：「當我在一九八五年接手『真視』的時候，人們問我誰是我們的競爭對手，我回答說：『我們沒有任何競爭對手。』他們說我在開玩笑，其實正如我所講，當時我們正在生產一種高精度的專門系統，別人都沒有。從一九八五～一九九五年，我們遇到的競爭仍是有限的、陸續的，但到一九九〇年人們卻看到普通電腦發展為多媒體電腦是一個急速崛起的新市場。『真視』遇到了來自硬體和軟體的雙重競爭，為了維持市場地位，公司採取了咄咄逼人的高價策略。我們經常處於價格的最高線，顯然我們希望得到更大的利潤。」但同時，公司也很清楚價格需具備一定的競爭性。在視頻圖像市場充斥眾多競爭者之前，「真視」很明智地將公司產品命名為「Targa」，它幾乎成為同類產品的代名詞，和與相容的PC機都十分歡迎「真視」的視頻圖像產品，另外它還為「蘋果電腦」提供視訊卡。

現在隨著多媒體微機的普遍存在，競爭變得更加激烈。而「真視」一直保持著歷史悠久、品質上乘的聲譽，在這個正走向成熟的市場上，產品的銷售規模十分可觀。「真視」十分注重銷售技巧和營業推廣，吸引那些不想落伍的用戶，而競爭對手們則較少注意到產品在市場上的迅速衰落。「真視」產品種類齊全，顧客可在任意一個階段接入主機板，因而市場範圍比較大。

「真視」在它的工程人員和顧客之間建立了一條強有力的關係。顧客向他們報告自己希望Targa具有什麼新性能，「顧客的期望有時超出我們力所能及的範圍，但我們還是認真聽取他們的意見。我們儘量去滿足他們的要求。」公司的聲譽並非牢不可破的，因此市場行銷工作必須持久而富有創造性，以保持二十%～二十二%的年利潤率。

透過接入「真視」視訊卡解決最終使用者的視頻圖像問題受到了越來越多的歡迎，聯合行銷也日益重要，因為「在這種競爭環境下，單獨行銷變得越來越困難。」

為了維護市場主導地位，「真視」不斷與三百多家軟體開發公司形成全國性的網路聯繫，因為這些公司是「真視」視訊卡的主要用戶。他們已用來開發軟體。為此公司專門組建了一個「開發公司行銷小組」，與這些軟體製造商建立良好的合作關係。

科林斯說：「我們可以利用成百上千的軟體開發人的集體智慧，因而能夠將更多的注意力放在硬體生產上。如果我們不得不將硬體、軟體和終端都納入考慮範圍，情況會不太妙。」「真視」的軟體只要能符合用戶的需求，就會賣得越來越好。

第二節 依靠特色和品牌取勝

一、從產品的核心價值跳脫出來，為消費者提供更多的好處

產品的定位有三個層次。第一層就是核心價值。它指的是產品之所以存在的理由，如產品基本功能、優點或服務。例如，手錶是用來計時的；鞋是用來保護腳的；第二層是有形價值。這包括直接與產品相關的所有要件，如品牌、包裝、樣式、品質和性能。它們是實際產品的重要組成部分；第三層是增加價值。其中包括與產品間接相關或有意添加的性能和服務。產品增加價值的成分有：免費發貨、分期付款、安裝、售後及保修服務。

當代的年輕人為什麼願意花五十多美元買一雙Reebok、Nike？這些鞋還是原來意義上的鞋嗎？或者它們的行銷定位已經不再是使腳舒服、保暖了？

的確，許多產品已不再靠核心價值來競爭了。三十年前，買錶的人可能會關心錶是否走時準確。現在，就算是廉價的仿冒錶也能準確地報出每分每秒的時間。現在錶的競爭條件是與報時無關的性能、設計、款式和品牌等有形價值。

的確，它們的優勝之處已與準確報時不再有多大關係。它們的賣點在於時髦、地位象徵或者是個性的反映。技術的進步和自動化令多數產品的品質大體相近。這時，再專注於產品的核心價值只能帶來麻煩，使產品無從做到鶴立雞群，結果顧客只會找最便宜的貨色。

☑關注產品的有形價值部分

從產品的核心價值解脫出來，使生產商得以專注於另兩個產品價值。這樣，它們不僅可以使自己獨具一格，而且可以為產品增加價值。通常，最能增加價值的是產品的有形價值部分。這一點在化妝品和服裝業較為明顯。

市場行銷人員必須找出自己產品在三個層次上的長處。舉例來說，如果你的競爭對手專注產品的核心價值層次，也許你該在有形價值層次上去尋找縫隙。如果競爭對手在有形價值層次上經營，你就應該利用增加價值層次。如果大家都專注於有形價值層次和增加價值層次，那麼在核心價值層次上也許有機遇。

北美的超級市場業是一個很好的範例。當所有鼎鼎有名的連鎖店透過各式各樣的裝飾和服務，一個一個地都去在有形價值層次和增加價值層次上競爭時，它們的產品價格無疑就會上升。這就為其他創業商人提供了機會，建立起不講排場的超級市場，重新專注於產品的核心價值層次。他們的超級市場要求消費者自帶購物袋，商場也不作廣告，店面很少裝飾。這樣，產品價格盡可能降到了最低，進而取得成功。關鍵是要抓住產品的多種特性。如果在增加價值層次上運作，很重要的一點是，要樂於探索新的業務方式。新加坡的房地產市場就是一個很好的例子。

在過去十年中，該行業許多公司非常大膽、很有創意地在行銷自己的住宅。在產品的增加價值層次上，地產商提供了諸如免費估價、降低律師費用、百分之百融資和室內裝修等服務。與此同時，他們還在有形價值層次上提供了一些誘人條件，如空調、自動門、安全報警系統等。並不是所有公司都能提供三個層次的價值。較小一些的企業必須在產品的各種特性中尋找生機。較大型的企業也不能執迷於利用三個層次的價值來取得更大成功。只有當你提供的產品特性或服務正好是顧客所需求的東西時，這才有可能實現。

顧客所購買的並不是產品本身，而是隨之而來的好處。在為產品定位時，先要弄清楚顧客需求的好處是什麼，而不是你想要提供些什麼。

要想在產品的三個價值層次上進行行銷，它們各自所要求的技巧大相徑庭。在增加價值層次上提供的好處可能包括與產品本身無關的服務。再來看看其他房地產的案例，要想在增加價值層次上行銷服務就需要與其他機構進行大量的協調，如銀行、室內裝修公司和律師所等。這就需要有非常熟稔的複雜技巧。即便在有形價值層次，地產商也必須確保其業務員得到足夠的培訓，能夠把握好地產位置、設計和建築風格等複雜因素。

如果試圖在三個價值層次上競爭，行銷商必須記住，這裡的成本也會相對提高。提供附加好處的成本必須算進定價策略中。對於化妝品和香水等產品來說，導致高價格的因素是有形價值層次的元件。

☑看準競爭中最重要的層次

除定價因素外，行銷商還必須考慮分銷和促銷等其他行銷組合因素。如果某行銷商要提供送貨和安裝服務，就必須考慮自己是否有分銷網和安裝能力來處理？如果沒有，能否發包出去？該項成本該如何打進產品價格？

最後，行銷商在三個產品價值層次上所做的選擇必須反映在所採用的廣告和促銷策略上。行銷商必須看準競爭中最重要的層次。比如，當新加坡的住宅市場開始在有形價值層次上競爭時，開發商便決定採用樣品屋的形式來吸引買主，因為樣品屋是展現產品有形價值最有力的促銷手段。同時，這也為開發商提供了一個機會，使他們能夠在潛在顧客看房時推銷增加價值層次的其他服務。

當今時代，競爭日趨激烈，消費者既富有又更有文化，行銷商不能再像二十年以前一樣推銷產品。他們更應該深思每一種產品，找出自己能為消費者提供哪些更多的好處。

二、依靠特色經營展示自身的魅力

特色經營可以有多種多樣的形式，我們可以把和公司或企業有關的一些特有經營技巧作為特色，也可以把企業文化與背景作為企業特色。

美國的麥當勞就是實行特色經營的最好例子。麥當勞在世界速食業中享負盛名，不論你到哪個國家，你都可以品嚐到真正美國口味的麥當勞速食。麥當勞之所以能在全世界取得如此巨大的成功，博得眾多消費者的青睞，這就主要歸功於它的特色經營策略。正是這種特色經營使得麥當勞幾乎成了速食的代言人。

麥當勞速食店，三十多年以來自始至終堅持著三條經營方針，即：「品質至上，服務周到，地面清潔」。這就是麥當勞的特色。這項特色是公司創始人克羅克根據消費者心理提出來的。它為顧客提供了品質、服務和衛生方面的保證，使人們樂於接受它。正是這三條特色經營方針，使得他在激烈的商品競爭中，始終立於不敗之地，躋身於世界經濟強人之林。

為了品質上乘，麥當勞速食店制定了一整套嚴格的品質標準。如：牛肉必須選擇精瘦肉、馬鈴薯要儲存一定時間以調整其澱粉及糖的含量，等等。他們的食品還達到了標準化的程度，做到國內外所有分店的食品品質的配料都是統一的。

為了保持清潔，克羅克漢堡公司明確規定：男性員工必須每天刮鬍子，所有工作人員不許留長髮，要經常洗澡、修指甲，隨時保持口腔清潔，器具全部採用不銹鋼製品等。由此，克羅克公司以清潔而聞名於世。克羅克為了讓每一家小店都引人注目，規定所有各速食店的服務員，都穿具有明顯花紋的制服。所有速食店都掛上醒目的拱形「M」字標誌霓虹燈。設計了「麥當勞叔叔」這個令人難忘的廣告形象，給顧客留下了難以忘懷的印象。

克羅克以此五大策略作為其企業的特色，使他的速食店在公眾中取得了良好形象，人們不僅能在眾多商品廣告和標誌上迅速辨認出麥當勞，而且都稱道麥當勞的食品品質上等，服務周到。而當人們想要吃上一頓可口的速食時，麥當勞也就理所當然地成為他們的首選對象。

麥當勞的特色經營特徵就特在能抓住顧客心理，把服務品質、食物品質和衛生等人們關心的問題作為自己的特色。這種特色經營必然會吸引顧客的心，在不經意間，使他們成為麥當勞的忠實支持者。

特色經營，我們首先應該考慮的就是這些特色對人們的吸引力，人們對這些特色的愛好程度將決定著整個特色經營的成功與否。我們應該知道：只有真正是人們所需要的事物才會有強大的吸引力。因此，我們開創特色經營時，首先就應該考慮人們所需要的是什麼，不需要的是什麼，然後才能根據它制定出自己的特色經營策略。

麥當勞的另一特色，就是「顧客第一，時時處處為方便顧客著想」。克羅克知道，作為食品業，消費者就是上帝。只有把顧客放在第一位，使他們始終得到滿意的服務，就不愁賺不到錢。他根據人們越來越珍惜時間，講究效率，生活節奏加快的特點，始終以「快捷」、「方便」吸引顧客。為了方便顧客快速就餐，一律採用「自助餐」形式。食物都裝在紙盒子裡，顧客只需排一次隊，就可以將食物自行取走。

為了使翻桌率加快，並保證每一位顧客都能坐下，店內不設電視和音響設備（此方式至今已有所改變）、以減少顧客在店內逗留的時間。速食店生意最忙的時候，也只需一兩分鐘，顧客就能將熱騰騰的食品拿走。克羅克還在高速公路兩旁和郊區開設了許多分店，以保證大批出門的顧客有休息和吃飯的地方。在離店舖不遠的地方，裝上通話器，上面標明食品名稱和價格，使外出遊玩和辦事的乘客經過時，只需打開車窗門，向通話器報上所需食品，在開到店側小窗口就能一手交錢，一手取貨，並可馬上驅車上路。

由於歐美國家父母習慣在週末或假日帶孩子外出遊玩，尤其希望在孩子過生日的時候能以宴會或聚餐晚會形式表示祝賀。為了滿足這種需要，克羅克分店專門設置了兒童遊樂園，供孩子們邊吃邊玩。還專門為孩子舉辦生日慶祝會，想盡一切辦法使每一家分店都成為對孩子有吸引力的地方。因此，每到週末或假日，速食店裡總是顧客盈門，生意興隆。麥當勞透過此舉在孩子們心中塑造了「麥當勞叔叔」的形象，孩子們一見到麥當勞，就立刻想起「麥當勞叔叔」。

特色經營不僅僅是一種經營手段和策略，更重要的是，它也是以顧客至上為宗旨的。沒有顧客的支持，再好的特色經營也是難以見效的。在考慮特色經營方針時，我們更應該注意顧客，把自己的服務和顧客銜接上，瞭解顧客需要什麼，把自己的行動準則定義在為顧客服務上。

因此，我們在考慮特色經營時，必須時時處處為顧客著想，把為顧客服務，方便顧客作為宗旨，只有這種特色經營才能得到大眾的認可，受到他們的歡迎，也只有這種特色經營才能真正成功。

克羅克在考慮他的特色經營時充分表現了為顧客服務，方便顧客的宗旨。他所做的一切都是為了方便顧客、服務顧客。隨著速食業的發展，市場競爭越來越激烈，而人們生活水準的提高，也帶來了對「吃」的高要求。老年人擔心心臟病，婦女擔心發胖，人們開始不喜歡高脂肪和高熱量的食物，而傾向於多吃三明治，少吃漢堡。面對這種市場，克羅克本著為顧客服務的宗旨，採取新的改革措施，著重在食品上下功夫，力求在各方面都使顧客得到最大滿足。

三、把自己的品牌樹立成名牌

(1)先進的科學技術和社會化大生產，為名牌產品占有越來越多的市場占有率提供了客觀物質條件當今時代名牌消費已經成為時尚和潮流。這股潮流準確無誤地傳導企業，在激烈的商業市場競爭中，企業要想謀求超常規的高速發展，推行名牌策略，創名牌、靠名牌打天下無疑是一條便捷之路。

市場經濟在由較低階段逐漸發展到較高階段的過程中，經過優勝劣敗的市場競爭的洗禮，名牌產品在商品世界中的地位逐步上升，現代市場經濟則成為名牌爭天下的時代。一個國家若沒有一批國際知名企業，一個企業若沒有在國際、國內市場打得響亮的名牌產品，在當今日趨激烈的市場競爭中，就只能處於被動地位，永遠落在人家後面。

現代工業名牌產品是先進科學技術和經營管理方式的結晶，物化了企業各類優秀的技術人才、經營管理人才和廣大員工的聰明智慧。它們在生產技術上大多具有技術裝備大型化、精密化、自動化、高效化等特點，其工藝獨特、技術超群；在經營管理方式上，完全突破了自成生產體系、自產自銷、「萬事不求人」的封閉式小生產模式，以高度專業化為基礎，建立起發達的社會化協助與聯合，集國內外工商企業之所長來培育和發展自己的名牌產品。

先進的科學技術和社會化大生產，為名牌產品占有越來越多的市場占有率提供了客觀物質條件。而企業自身又基於以下一些原因，普遍具有極為強烈的擴張市場、提高占有率的主觀願望。

名牌產品在市場上的高效益可以給企業帶來巨額利潤，這正是企業努力追求的基本經營目標。產品差異在競爭中具有極為重要的作用，促使廠家千方百計創造品質優越、獨具特色的名牌產品。開發高技術、高附加價值的名牌產品需要大量投入，廠家願意在宣傳和保護名牌上下功夫，以確保回收投資，獲取更多的投資報酬。

產品的高技術對假冒產品能夠構成「仿製障礙」，禁止不正當競爭的一系列法律逐步健全，市場運行逐漸規範化，進而使名牌產品獲得較好的外在環境。上述創造和發展名牌所具備的客觀物質條件以及企業自身具有的大力發展名牌的內在積極性，兩個方面的因素彙集起來，便促使名牌事業蓬勃地向前發展。

經過一個時期的激烈的市場競爭，真正能夠生存和發展下來並且占據了大部分市場的必然是少數深受消費者喜愛、競爭實力強的名牌產品。這樣，市場經濟在其較高發展階段就形成「名牌產品爭霸天下」的局面。

由於國家、地區和行業之間經濟發展不平衡，形成「名牌爭霸天下」競爭格局的時間自然有早有晚，但是，這卻是市場經濟發展的共同趨勢。因此，我們應該清醒地看到，當今國際範圍的經濟競爭，表現為市場競爭，實際是牌子的競爭。毫無疑問，只有創出名牌並能保住和發展名牌的企業，才能贏得市場，由小到大不斷成長，進而擁有光輝燦爛的未來。

☑名牌商標所蘊含的特徵就是高品質，它能充分地滿足消費者的需求

這裡的「高品質」是一個綜合概念，是在品質、款式、價格、服務、信譽等一系列方面為顧客提供最優的消費。

名牌象徵商品的信譽。名牌商標由於得到整個社會的認可和推崇，於是在消費者心目中起了微妙的變化。只要是名牌，人們就自然地認為是同類商品中最好的，就應該是價碼最高，有時甚至忽略了商品本身的品質而只認牌子，因為名牌標識本身就已經部分或全部地滿足了消費者的需求。

企業是名牌產品的設計者、生產者和推廣者。沒有企業的奮力拼搏、成功開發，任憑什麼高明的名牌策略，都不能變成真正的現實。怎樣才能充分發揮企業的作用？最關鍵的一條就是要樹立起強烈的名牌意識，這就是說，每一個企業家，不僅自身要認識到，而且要教育全體員工，使每一個人都清楚地知道，在現代市場經濟激烈競爭的環境中，知名商標猶如無堅不摧的開路先鋒，是企業開闢、占領和不斷擴大市場的

重要手段；它又好像威力無窮的法寶；是企業競爭取勝、獲得巨大效益、迅速成長的重要保證。因此，誰要想經營一個成功的企業，誰就要擁有一個或幾個有實力的名牌；誰要想成為一個優秀的企業家，誰就要懂得並能熟練運用名牌策略。何以這樣說？其理由主要有以下三個方面：

(1)商標有著重要的導向作用。商標從其起源來說，它是商品生產者為了將自己的產品與他人生產的產品區別開來的一種標誌，代表著一定產品的特色。因此，在許許多多廠家生產的同類產品中，少數牌子成為名牌之後，消費者選購自己滿意的商品，實際是在選擇自己滿意的牌子。

在這個過程中，名牌就成為廣大消費者刻意追求的對象。它是無聲的商場引導員，把消費者的購買慾望吸引到名牌產品上來。正因為商標對消費行為有著重要的引導作用，所以廠家都很注重給商品起一個好名字，將其視為企業的一項重大經營決策。在美國、日本等都設有專業機構為企業命名提供諮詢。

(2)名牌是企業成功的重要標誌。馳名商標，能夠產生普通商標所沒有的重要作用，即名牌效應。這將給企業帶來高額的經濟收益和顯赫的聲譽、榮耀以及社會地位，表明名牌擁有者在商界的巨大成功。

☑名牌是一種重要的知識產權，是一筆巨大無形資產

從表面上看，名牌只是一種標識、一種符號，其實它是一種實實在在的巨大資產。這是因為，名牌是高度創造性勞動的結晶，在經濟活動中具有多重使用價值，屬於知識產權的範疇，與其他可以有償轉讓的產權一樣，能夠在價值形式上予以量化。

據有關機構一九九一年的評估，「萬寶路」商標的價值達三百一十億美元，相當於其年營業額的兩倍；「可口可樂」的價值是二百四十四億美元，約為該公司年營業額的三倍；美國「百威」啤酒的商標價值為九十六億美元，比其年營業額高四十億美元；「百事可樂」的商標價值為九十六億美元，而其年營業額只有五十五億美元；「雀巢」即溶咖啡的牌子值八十五億美元，比其年營業額大約高了一倍。名牌的價值如此之高，以至美國福特汽車公司在一九九〇年竟以三十五億美元的價格，購買了總資產只有五億美元的積架汽車公司，其目的是藉「美洲豹」作為高級名車的牌子，為福特公司擴大市場效力。

這個事例說明，有些知名商標的價值遠遠超過了其公司有形資產的價值。

名牌具有如此高昂的市場價格，這一事實說明，企業應該像重視固定資產投資那樣高度重視名牌產品開發的投資。要把創名牌作為企業的百年大計來對待，用今天的

高投入換取明天和將來的更高、更持久的產品。

☑成功的行銷必須以成功的企業為後盾，成功的企業更要以名牌產品為籌碼

市場行銷在很大程度上打的是品牌戰。成功的行銷必須以成功的企業為後盾，成功的企業更要以名牌產品為籌碼。在市場行銷中，人們對企業從事行銷人員的知識、素質、技能提出了很高的要求。只有具備一定素質的行銷人員，才能從事現代行銷這一非常艱鉅的工作。但是，我們也應該清楚地意識到，行銷人員即使巧舌如簧、機關用盡，也難以將手中的在市場上毫無影響、缺乏知名度的產品去同名牌產品競爭。在這種情況下，企業只能壓價銷售，但壓價銷售是以企業的經濟損失為代價的，它意味著同樣的投入，如不能得到生產名牌產品的企業同樣的回報。長此以往，企業必然會缺乏發展的後勁，落後更加落後，終被市場所淘汰。

企業家們必須具有塑造名牌的緊迫意識。

(1)實施名牌策略，有利於提高企業經濟運行的品質和效益。名牌效應是市場消費取向的直接反映，是產品優勝劣敗過程的具體表現。名牌產品是消費市場對企業產品品質和信譽的認同，是企業內在水準、素質、管理等綜合指標的客觀反映。創立名牌，實施名牌策略，無疑有利於企業綜合素質的提高，有利於經濟運行品質和效益的改善。

特別是當市場處於疲軟階段、資金短缺的時候，名牌產品能夠以其良好的信譽開發市場，並獲得金融支援，進而使企業在市場競爭中處於強勢，擁有發展的巨大後勁。

(2)實施名牌策略，有利於加快工業結構的調整優化。開發適銷新品，擴大名牌優勢產品，淘汰滯銷低劣產品，是調整產品結構向「兩銷三高」（即國內適銷、國際適銷；高效益、高市場容量、高科技含量）轉移的重要途徑。以名牌產品為龍頭，組合資產一體、市場導向、多元經營、多層法人的現代企業集團，是加快實施企業組織結構向「四化」企業集團轉移的重要手段，是產業結構向五高產業（高勞動生產率、高平均創造率、高資產利潤率、高科技含量、高關聯度）轉移的重要環節。

(3)實施名牌策略，有利於構築工業經濟的發展策略優勢。名牌產品是品質、信譽、素質的集合，是市場、效益、發展潛力的顯示。培育一批規模大、水準高、效益好、國內外市場打得響、覆蓋率高的實力產品，建立一批以實力名牌產品為龍頭的跨地區、跨行業、國際化、多元化、現代化的企業集團，無疑將為整個地區更大規模更高水準的競爭營造起一艘參與市場經濟競爭的航空母艦，為構築起新的經濟飛騰奠定良好的基礎。

(4)實施名牌策略勢在必然。眾所周知，名牌是一個全優的綜合概念，它要求在品質、款式、價格、服務、信譽和市場占有率方面均有優異的表現。名牌識別上的優勢是其取得市場強勢的基礎，並能轉化為行銷優勢，其價格定位、市場占有率，都是一般品牌難以比擬的。企業只有下功夫創造名牌，才能提升企業的形象，在激烈的市場競爭中生存下來，並獲更多的發展機會。

塑造名牌是企業行銷策略中的最高目標，它的塑造成功，將使企業獲得打開市場大門的「金鑰匙」。

市場經濟是競爭性和開放性的經濟。競爭是市場經濟的本質要求和基本運行機制，是市場賴以發揮作用的基礎。市場競爭其實是競爭與共存的對立統一、無共存也就沒有競爭，共存與競爭活絡了市場，推動了市場經濟的前進和發展。企業的競爭實際是商品的競爭，商品的競爭亦即是名牌的競爭。名牌策略的積極實施，是企業在公平競爭中不被淘汰的基本手段和正確選擇。

☑創立名牌的基本策略

(1)追求超群的品質。名牌產品雖然價格昂貴，甚至貴如黃金，但它的確品質超群，貨真價實，令一般商品無法相比。Lucchese女靴的用料極為考究，全部用一歲半左右的小牛牛皮的肩胛部分製成。製成一雙靴子往往要耗掉數張整牛皮，製作時全部由手工縫製而成，精細無比，不愧為靴中之精品。

勞斯萊斯轎車，是世界第一名車，其車身棱角分明，款式沉穩，頗有古樸之風。但其車內各種現代化設施一應俱全。這種牌子的汽車自一九〇五年至今，一直保持著用手工焊接、手工裝配的傳統，精細，爐火純青，堪稱極品。

雖然每輛車售價在十五萬美元以上，仍供不應求，令無數的車迷朝思暮想。因此，「品質是名牌的生命」這句話怎麼理解也不會過分。它是迄今為止世界上所有名牌的成「名」之道。對於那些雄心勃勃想創名牌的企業來說，品質是一道繞不過去的關隘。

產品品質是一個綜合性概念，其內涵極其豐富，包括產品的性能、功能、壽命；安全性、可靠性、適用性、維修性、經濟性和環境等多方面的內容。名牌產品的特點在於它除了滿足上述品質要求外，還在此基礎上，從市場需求出發，進一步瞭解消費者對品質的實際需要，進而抓住重點進行突破，形成名牌產品的品質特色。名牌產品非常善於在消費者最注重的品質方面集中精力，下功夫，給予更充分的滿足。這是名牌產品擁有非凡的品質魅力的祕訣。

美國公司是世界最大跨國經營的公司之一，其產品暢銷全世界。該公司成功的祕訣在於：它把追求盡善盡美作為公司的三大原則之一，幾十年如一日，從不動搖。為了向這個目標努力，公司制定了「滿意標準」，用以指導和衡量產品與服務的品質。德國BMW轎車馳名世界，這種殊榮的獲得來自於該公司的宗旨：「力臻完善，永不甘休。」

精誠所至，金石為開。企業經過多年孜孜不倦的追求，付出超出常人的努力之後，必定會感動「上帝」。

(2)持之以恆。創名牌不易，保名牌更難，難就難在如何使名牌產品的品質幾十年如一日；經久不衰，經得起時間、市場以及消費者的長期考驗，絕不能忽好忽壞、忽優忽劣，甚至不能有絲毫的疏忽和須臾的鬆懈。

英國的威士忌、法國的白蘭地、美國的可口可樂都有上百年，甚至數百年的知名史。在這漫長的歷史中，它們始終光芒四射，如日中天。

賓士轎車，全世界皆知的名車，正是它所在的公司，生產出了世界上第一輛小汽車。經歷了整整一個世紀的考驗之後，今天，它在廣大消費者心目中仍然信譽卓著。儘管賓士車價格昂貴，為一般小汽車的兩倍以上，但仍供不應求，其原因正是該產品優異的品質和穩定的性能。難怪公司在廣告中驕傲地宣稱：「如果有人發現我們的賓士車發生故障，被修理廠拖走。我們將贈送您一萬美元！」

因此，一個名牌的真正創立，需要企業數十年的精心培育，需要經歷一次又一次的市場考驗，需要面對競爭者一次又一次的挑戰，需要經受消費者反覆的篩選和認同，才能最終修練成為名牌。持之以恆，努力不懈，這是名牌信譽的保證。否則，如果品質忽好忽壞，就會失去公眾的信任，失去牌子，失去市場，失去企業生存的土壤。

(3)特色鮮明。大凡名牌都獨具特色，或是功能先進，或是工藝獨特，或是設計精巧，或是包裝新穎。總之，它在眾多的同類商品中，總是鶴立雞群，在琳琅滿目的商品世界中，總是燦爛奪目。

堪稱世界飲料之王的可口可樂，以它那獨特的口味和神祕的配方征服了全世界。瑞士鐘錶，世界鐘錶之王，它那精湛的製作工藝，傳統而獨特的設計，以及那長達四百多年的輝煌歷史，使上至皇親國戚、下至平民百姓，無人不知，無人不愛。

與眾不同、風格獨特是名牌產品的共同特徵。消費心理學指出，只有突出不同於一般的東西，才能打動人心；只有突出產品的差異性，才能樹立一個與競爭者不同的產品形象與品牌形象，才有利於消費者識別、比較和接受。

企業要想創名牌，就必須使自己的產品擁有特色，靠特色去吸引顧客，靠特色去搶占市場，靠特色去擊敗競爭對手。

企業如何使自己的產品具有特色呢？

第一，擁有獨特的技術優勢。技術優勢是一種具有超前的優勢，是一種在市場上最具攻擊力的優勢。它使對手難以模仿，使企業能夠在競爭中遙遙領先。特別是在當今科學技術已經成為經濟發展的主要的時代，技術優勢對創名牌來說，更具策略意義。

很多世界級的名牌產品，都是依靠其獨特的技術優勢成名的。無論美國公司的電腦、AT&T公司的通信設備，還是日本新力公司的影音商品、尼康公司的專業用照相器材，等等，不勝枚舉。企業如果在技術方面占據了優勢，離創造出名牌產品恐怕只有一步之差了。

第二，堅持獨特的傳統工藝。傳統工藝往往是企業經過上百年生產實踐提煉而成的，它是企業的「基石」。香檳酒是法國人的驕傲，被稱為葡萄酒中的「王后」，每年世界上的需求量持續上漲，供不應求。這種酒有如此魅力，是和它的產地與特殊的釀造工藝分不開的。

香檳酒產自法國北部的香檳地區，這裡空氣濕潤，土質肥沃，陽光充足，具有種植葡萄得天獨厚的條件。葡萄的種植也有嚴格的管理，葡萄株要精選，種植的行距不可過大或過小，一年中翻三次土，植株修剪五到六次，株高在一米左右，株齡過短過長也都無法釀成好酒。

葡萄榨出的汁經過兩次發酵裝瓶後，要在酒窖中存放三～五年。酒瓶全部倒置在木架上，每天要人工轉動酒瓶，每次只能轉動八分之一圈，使酒中沉澱物下沉到瓶口，最後打開瓶口，除去沉澱雜物。這樣，香檳酒就變得純淨無暇、晶瑩剔透了。這種複雜的製造過程保證了產品的品質。

隨著工業現代化，釀酒業也有了不少技術改造，但傳統的工藝始終沒有改變，因為改變了工藝，就造不成真正的香檳酒了。據說，有一個美國飲料商前來詢問香檳酒的配方，接待他的人蔑視地回答說：「請注意，香檳酒不是他們的可口可樂，自動化機械造不出葡萄酒來。」

實際上，企業還可以從許多方面去塑造產品的個性。例如塑造產品的獨特風格，擁有獨特的成本優勢，運用獨特的行銷手段展開獨特的公關活動等。

四、品牌管理是行銷成功最重要的環節之一

☑寶潔公司的品牌管理策略

(1)實現品牌經理制度。寶潔公司一直實行品牌經理制度。它為每一個品牌都配一

名品牌經理，由他負責該品牌的全部市場活動。品牌經理制度成為年輕的經理人迅速成長的有效途徑。在寶潔，歷屆總裁都有品牌經理的寶貴經驗。在品牌經理位置上，員工學會了溝通、協調、合作，同時，對事情承擔責任。

這一切經歷足以造就總裁。也正因如此，寶潔公司絕不從外面找空降部隊（挖人才），而是採取百分之百的內部提升政策。寶潔公司建立了有效的內部培訓制度。公司為員工提供了各種培訓課程。作為品牌經理，對於自己所負責的品牌，必須比公司裡的其他任何人都要瞭解，而且不斷有人會挑戰他們這方面的知識。

在中國，寶潔自一九九〇年就開始從中國本土的知名大學招聘優秀的畢業生，他們中很多人充實到市場行銷的一線，協助品牌經理。如果成績突出，他們就會挑選出來任品牌經理。

正因為寶潔的品牌管理嚴謹，從一九三一年寶潔實施品牌管理以來，公司的最高主管都是品牌經理出身；九十%的管理階層都來自品牌經理。可見，品牌管理這個領域是寶潔的核心領域。

(2)注重市場研究。寶潔的品牌、行銷管理能取得巨大的成功，是由於寶潔強大的研究與開發能力。寶潔每年花十幾億美元用於研發。

寶潔十分注重市場研究，力求真正明白消費者的需求是什麼。舉例來說，一九八六年寶潔進入台灣市場時，就對台灣的消費者頭髮護理方面進行了深入調查，包括每週洗髮次數、使用洗髮精的量、每次洗髮用洗髮精次數、頭髮護理方面的煩惱、對品牌的選擇、對價格的接受度、經常購買洗髮精的地點等。結果發現，「頭髮太乾太燥」、「頭皮屑多」、「頭髮分叉，不易梳理」等是台灣消費者最大的煩惱。為此，寶潔從消費者存在的問題出發，推出的飛柔、潘婷都能為消費者解決相對的問題。

寶潔對市場的洞悉非其他公司可以相比。寶潔對市場研究的投人每年上億美元，它在定性研究（質化研究）技術上，更是超過很多專業的市場研究公司，首創了多種有效的座談會、探訪。

(3)注重品牌溝通，展開有效廣告。在廣告方面，特別是電視廣告方面，寶潔有一套成功的公式。首先，寶潔會先指出你所面臨的一個問題，來吸引你的注意力。接著，廣告會迅速告訴你，有個解決方案，那就是寶潔的產品，以此緊扣消費者心弦。

寶潔還善於尋求有效的品牌代言人。

寶潔將自己的品牌和其他品牌進行比較。競爭者不會被指名道姓，常常是以「其他品牌」的形式出現，但消費者卻可以清楚地從畫面上看出寶潔品牌的優越性。而在廣告中，說出這個意思的是代言人。寶潔常常用專業人士來為其品牌促銷。不過，更主要的還是，用權威機構加以認證。如，由「瑞士維他命研究院」為洗髮精「潘婷」作認證。

此外，寶潔的廣告強調產品必須和生活中的人物連結起在一起。如，在「幫寶適」這個嬰兒用品廣告中，細心的媽媽對小孩子的用品總是很挑剔，而幫寶適可以給寶寶的皮膚以細心呵護，讓寶寶一覺睡到天亮。這正好滿足媽媽的需要，而年輕的媽媽一定會由此聯想到自己的寶寶，產生購買的衝動。即使是在平面廣告中，寶潔公司也是「讓真人說話」。例如，寶潔將封存了一段時間的洗衣粉重新推出，平面廣告簡短而到位，「老朋友，信得過」。

☑海爾的品牌管理策略

海爾集團不僅是中國企業品牌管理的先行者，也是率先實現品牌國際化的企業。一九九七年四月，海爾總裁張瑞敏在「中國市場行銷國際研討會」上說：「品牌是帆，資本是船，海爾就是依照這樣的原理，不斷發展品牌，累積資本。」

海爾的品牌價值，一九九四年首評時為四十二・六億元，一九九九年達二百六十五億元，是中國企業中品牌價值增長速度最快的品牌。強勁的上升勢力和強大的市場競爭力，使海爾成為繼「紅塔山」香菸之後中國最有價值的品牌。海爾品牌的優勢拉動了它在海內外市場的拓展。

大多數企業尚在籌措資金時，海爾就確定「先謀勢、後謀利」的經營思路，以品牌經營的方式開發市場。由經營品牌而擴張產業，這是一條由軟而硬的發展道路。

不同的思路帶來不同的結果，海爾把自身為成中國家電第一名牌之後，運用企業文化和品牌等無形資產，成功實施了多次跨省、跨行業的企業兼併，無一不獲得成功，可見品牌威力之大。

(1)品牌保護。海爾是全國最早成立知識產權制度的企業之一，在一九八五年剛有了註冊商標，就把它當作自己來之不易的產權加以保護。海爾品牌保護的措施包括：在所有商品分類、服務分類中均申請註冊了「Haier」、「海爾」及圖形三件總商標，建起了海爾商標保護的第一道屏障；迅速加大商標國外註冊量及註冊範圍；在Internet上搶註功能變數名稱和對不法商人採取反搶註措施等。

有人把品牌比作一根橡皮筋，多延伸一個品種，就多一分疲弱，少一分彈性。應該說，對品牌的認識抓住「彈性」是關鍵，品牌的延伸或擴張關鍵看是否增加了彈性。海爾對彈性的具體評判標準是具知名度和信譽度。

(2)提高公司的知名度和信譽度。世界著名管理諮詢公司麥肯錫公司認為，建立一個強勁的品牌要經歷三個階段：即「商品」變成「名字」，「名字」變成「品牌」，「品牌」變成「強勁品牌」。一件「商品」如果能被消費者所認知而達到一定知名度，就可稱為一個「名字」，在此基礎上加上好的業績表現可以稱為「品牌」，而只有把品牌人格化、賦予其獨特的個性並使其無所不在，才能真正飛躍到「強勁品牌」。

品牌知名度指的是一個品牌在消費者心中的強度。在各種廣告如水銀瀉地的情況下，如何才能提升一個品牌在消費者心目當中的知名度呢？有兩個觀念是很重要的。

其一，要讓品牌的知名度達到一定水準，這個品牌的營業額應該要有良好的表現。一個歷史短、營業額低的品牌，想要建立高知名度，往往事倍功半，有時甚至是完全不可能的。

其二，要因地制宜採取多種方法和手段打響品牌知名度。

菁英培訓版

MEMO

第七章

讓廣告達到事半功倍的效果

第一節 充分運用廣告宣傳的手法來提高知名度

世界知名大企業都非常重視在行銷中充分運用廣告宣傳的手法來實現其銷售產品、樹立形象、提高知名度的目的。因為，廣告宣傳在現代行銷運作中有著不可替代的功效和極其重要的作用。

一、廣告的核心是策劃

所謂廣告策劃，即是對廣告動作的整體計劃，是為提出廣告決策、實施廣告決策、測定廣告決策而進行的預先的評估和規劃，其核心是確定廣告目標，制定和發展廣告策略。

廣告策劃作為一種科學的廣告管理活動，必須確定廣告目標、廣告物件、廣告策略等原則問題，亦即解決廣告應該「說什麼」、「對誰說」、「怎樣說」、「說的效果如何」等一系列重大問題。廣告策劃是廣告從基層階段發展到高級階段的顯著標誌。

運用現代科學技術和多元化的知識進行廣告策劃，在世界知名企業中已成為一種時尚。如莫里斯菸草公司，以生產「萬寶路」、「摩爾」等名牌香菸而享譽全球。一九七〇年他們買下了處於困境中，以生產啤酒為主要產品的米勒釀酒公司。接管米勒公司後，莫里斯公司採取了一系列改革措施，對銷售組織結構進行了全面的調整。他們一改啤酒生產行業沿襲已久的傳統銷售模式，改變了企業只注重如何以提高生產效率來降低成本、擴大銷售和只注重如何對產品進行促銷的做法，而根據市場需求選用了靈活的銷售模式。

具體做法是，首先，對消費者的需求進行調查。米勒公司原來只生產「金牌」啤酒，它被稱作啤酒中的香檳，其消費目標一直是女性和高收入階層。但這部分消費者在市場中占的比例很小。

經過市場調查發現，啤酒市場中有八十%的啤酒是由市場中三十%的消費者來消費的，所以整個市場應分為不同的分割部分。其次，根據不同消費者的需求生產不同的產品。

公司對每天平均消費六瓶啤酒的消費者的各種特性，包括人數構成、心理特徵、樂於接受的廣告形式和包裝等進行了深入細緻的分析，終於設計、開發出了一種「大眾化」啤酒。

同時該公司經市場調查還發現，女性及老年消費者都認為公司原有「金牌」啤酒瓶裝十二盎司容量過大，如喝不完就浪費了。為此該公司又針對這一市場對象推出了七盎司的瓶裝啤酒，使「金牌」啤酒也受到了這部分消費者的喜愛。

再次，緊緊抓住消費者心理。他們發現現在人們越來越重視身材苗條，怕喝高熱量啤酒而有啤酒肚的心理，適時地推出了一種名為「莫特」的低熱量啤酒。此啤酒上市後，深受消費者歡迎，行銷美國各大市場。人們把它稱為是本世紀最受歡迎的啤酒。

最後，利用各種廣告媒介宣傳產品。莫里斯公司根據不同市場消費者的不同愛好，設計了不同風格的廣告形式。比如對「金牌」啤酒他們設計了這樣一組畫面，有一位年輕人邊駕車邊啜飲「金牌」啤酒……一位鑽井工人在工作後拿出一瓶「金牌」啤酒……這扣人心弦的廣告，緊緊抓住了消費者的心理，大大起到了促銷的作用。

透過實施新的銷售方式，米勒公司的銷售狀況終於在五年的時間內發生了巨大的變化，創造了市場占有率由原來的四%提高到二十一%的當代奇蹟，令同行們刮目相看。米勒公司的奇蹟不僅證明瞭企業採用，開發新型銷售方式的必要性和必然性，同時也改變了啤酒行業沿襲已久的包裝一成不變的做法。米勒公司的成功，使整個啤酒生產行業也隨之發生了重大變革。

二、廣告的生命力在於創新

廣告策劃是對整個廣告行動的構想與規劃，一般化的構想與規劃容易做，困難的是構想與規劃要能創新，策劃必須有創意。做別人所未做的事情，想別人所未想的點子，使廣告資訊能有效的影響消費者。做到了這一步，那才可以稱之為真正的廣告策劃。一次廣告行動能否成功、能否創新是關鍵因素之一。

廣告沒有、也不應有固定的模式，創新就是原則，創新就是規律。如被美國人稱為不是餐廳而是「工業」、是一種「文化」、一種生活方式的美國麥當勞速食公司，在世界五十多個國家擁有一萬多家店。這家公司生產和銷售的漢堡、薯條等美式速食風靡全球。每天售出漢堡二億多個，海外銷售額占三分之一，真正實現了產供銷一體。它以「便宜、快捷、量多、服務、衛生、品質高」六項經營原則，獲得了成功，被稱為世界速食連鎖店龍頭。

「麥當勞」公司那特有的黃金雙拱門商標風靡世界，深入人心。它成了麥當勞品質和信譽的象徵。除了這一特定的推銷標誌——商標以外，麥當勞公司又在全球範圍內推出了「麥當勞叔叔」的形象。公司認為兒童對他們具有特別重要的意義，所以在廣告中，它們常常將各種娛樂資訊傳遞給兒童，並利用各種機會提供娛樂，在孩子們的心中塑造「麥當勞叔叔」的形象。

一九六三年初，身穿小丑服飾的卡通式人物——「麥當勞叔叔」在美國首都華盛頓第一次公開亮相。麥當勞公司塑造的「麥當勞叔叔」的原型是麥當勞的早期經營者史比克。

這個活靈活現的卡通人物一出現，立即引起了小朋友的喜愛，四年後終於成了代表「麥當勞」的「知名人士」。他經常出現在各種場合，到醫院去安慰兒童，到幼稚園和兒童一起玩遊戲，到遊樂場當嚮導。隨著時間的推移，「麥當勞叔叔」在小朋友的心目中成了僅次於聖誕老人的地位。

在塑造「麥當勞叔叔」形象的過程中，麥當勞還在店內附設兒童樂園，專門播放由著名小丑演出的節目，中間不斷出現「麥當勞叔叔」的形象。孩子們邊吃邊笑，還能收到贈品，高興萬分，那些川流不息的顧客大多因孩子們的要求而來。

「麥當勞叔叔」不僅成為「麥當勞」的代表，而且成了「麥當勞」別具一格的推銷符號。每當人們看到這種代表性推銷符號時，眼前就會浮現出麥當勞與它的產品來，使人們情不自禁地走進麥當勞。

第二節 定位準確、及時創新的廣告才有競爭力

一、廣告的定位必須準確

廣告的目標，是要將廣告策劃者的概念傳播到特定的消費族群，以達到預定的效果。廣告定位就是為了實現廣告目標，將商品定位於客戶的腦海中，最終把品牌的形象塑造成獨一無二的識別系統。從廣告原理分析，廣告定位的方法有幾種：

☑以顧客的利益或產品的特點定位

把品牌和商品特性結合，或把品牌和顧客利益結合的方法是極為常用的手法。如美國有一家食品廠生產出一種減肥食品，效果很好，但市場銷路卻很差。

後來，該廠與廣告公司商量，策劃出一則廣告：雇請了幾個小胖子，穿著肥大的衣褲，上衣印著「請借給我二十元」。這幾小胖子招搖過市，引起了市民們的興趣和

注意。

有人問他們為什麼要借錢，他們便說是買了減肥食品吃一個月後，人便瘦了幾圈，原有的褲子再也不合身子，需要借錢買褲子，結果廣告效果出奇的好。

這則廣告就是透過宣傳「減肥效果好」，把顧客利益和產品特點結合起來的典型。

☑以產品的類別定位

這種方法經常有出奇制勝的效果。如有人把啤酒定為清涼飲料作廣告宣傳推廣，把向來被定為酒類的啤酒，重新定位為清涼飲料的位置，獲得擴大銷售效果。

又如過去總把手錶定位在金銀珠寶的首飾類別。美國天美時（Timex）手錶卻一反常規，把它定在超級市場自選商品類別，結果使其銷售額倍增。

☑以價格與品質定位

有些商品類別經消費者認知成為一定的序列：如品質好價錢高的商品（所謂高級品），價錢適中而實用的品質（所謂是大眾化商品）等。所謂價格與品質為關係的定位，即屬此類。

☑以使用情況定位

即把品牌和產品所使用的目的結合的定位方式。把其定位在適合使用的廣告活動，這是成功的廣告策略之一。

☑以商品使用者定位

這是把商品和使用者結合起來的定位方法。如「雪芙蘭」乳液的廣告手法，把其乳液定為醫生、藝術家、影星、名流等所用的，其廣告目的一方面提示使用者是這方面的人士，告知未使用該產品的同類消費者使用；另一方面，也做到了傳遞資訊的作用，提醒非同類消費者也應該使用該產品。

☑以文化象徵定位

即用一種文化品質與本商品品牌結合起來定位。如萬寶路香菸一貫用牛仔作為品牌象徵。

☑以競爭定位

競爭定位就是確立含有競爭考慮的自己品牌地位，那麼當然可以考慮直接用競爭來做定位的方法。如拜耳化學公司，其品牌就是確定要比世界其他品牌競爭者更優，透過廣告把此定位資訊傳遞給消費者，直接表現自己品牌與競爭對手的關係。又如美國的百事可樂飲料就定位在與可口可樂飲料競爭的位置，所以它們經常是冤家路窄。

二、廣告定位的創新是大勢所趨

由於現代廣告的發展，廣告的創新是大勢所趨。廣告定位的創新自然值得我們認真對待。廣告定位的創新包括兩個方面，一是指廣告主在投入廣告之前對競爭對手進行的調查分析，採用不同於競爭對手的定位投人廣告；二是指某種產品投入一定時間後，針對廣告的變化而對廣告重新定位，或是對廣告定位進行創新。

創新的作用不僅在於「捕捉」消費者的注意力，讓他們從其他對象轉移到廣告上來，而且還能維持注意力於廣告資訊的進一步加工，包括廣告定位、廣告片製作、廣告投入費用等多方面。

顯然，一個成功的廣告定位確立之後必須穩定一個較長的時間，因為只有這樣才能在消費者心中樹立起獨特的產品形象。

如萬寶路香菸自一九五四年定位於健康、瀟灑、自由、奔放之男性香菸之後，其象徵於此的牛仔形象基本未變。當然從更多成功品牌的成長道路來看，廣告定位在具有一定穩定性的同時，還必須要不斷的創新。因為社會環境在變，銷售市場在變，產品在變，消費者在變，競爭對手也在變。

(1)適應外在的環境變化。任何企業都是生活在一定的政治、經濟、法律、文化環境中的，環境對於公司是一種制約因素也是一種機遇。廣告定位一定要與社會發展相協調，隨著社會環境的變化而不斷創新，這樣才能永遠屹立於商業市場中。

美國米克羅啤酒原是美國最大的啤酒廠商安休瑟公司的明星產品，成為上流社會首選啤酒。但銷售達到一定規模之後，銷售量逐年下降，原因是社會環境變化之後，米克羅並未跟上步伐。許多年輕人認為：「那是老一輩在喝的酒」，失去了消費者支持。於是公司重新調整廣告定位，提出了新口號：「夜晚屬於米克羅」，並有針對性地進行宣傳，終於重新贏得了市場。

(2)適應市場條件的變化。廣告的目的在於銷售，廣告是為銷售服務的。因此當銷售市場發生變化時，廣告定位應該隨之變化。廣告定位必須根據產品銷售市場的變化而重新定位，以便適應不同市場區域消費者的口味。如：萬寶路透過塑造牛仔形象定位於健康、瀟灑、自由、奔放之男性香菸後，在美國大獲成功。

但當它以同樣的定位在香港市場宣傳時卻慘遭失敗，因為香港文化視牛仔形象為失敗、孤獨、污垢的象徵。因而萬寶路只好在香港重新定位於成功人士的香菸，才打開了市場。由此可見，對於變化較大的市場，廣告定位的創新是極為迫切的。這不是我們願不願意的事情，而是不同市場要求使然。

(3)適應公司產品的新特點。現代經營活動中，沒有永恆的品牌，所以作為推銷產品的廣告應緊隨產品更新汰換而創新定位。從國外一些長盛不衰的名牌來看，其成功的原因一方面與產品不斷更新換代、日益追求品質的卓越有關。但很大程度上與廣告隨著產品的更新不斷進行定位創新有密切關係。美國寶潔象牙牌香皂從一八七九年以來的一百多年時間裡已經進行了數次廣告定位的創新。

一八七九年十月，一位工人吃中午飯忘了關掉製皂機器，使原料攪拌時間過長，原料中氣體較之正常過程增加了許多，製成的香皂顏色較白並且會浮於水面。廠商決定按次級品處理，沒想到該香皂進入市場後卻大受歡迎。在此基礎上，廠商把產品廣告定位於「輕」，設計了「象牙香皂輕浮於水」，「洗澡從此不再為找不到香皂而發愁了」的廣告詞，使象牙香皂一舉成名。

(4)適應顧客族群的變化。現在是一個以消費者為導向的時代，消費者的喜好、需求是企業製造產品的依據。即使是產品長期穩定不變，廣告定位也應該不斷創新，這主要是因為消費者在變，消費觀念已從注重產品本身發展到關注產品品牌。也就是說消費者在購買時往往更注重產品的社會附加功能，因此廣告定位就應該隨著消費者的變化而變化，適應廣告物件的心態。

二十世紀三〇年代經濟危機後，美國整體經濟不景氣，貧窮的消費者偏愛物美價廉的商品。百事可樂及時定位於廉價飲料，在價格不變的情況下推出大瓶裝，廣告詞是：「同樣是花五分錢，百事讓你喝個夠。」廉價飲料的定位在當時深受歡迎，因而百事可樂暢銷於三、四〇年代。

五〇年代，美國經濟發展了，人民生活大為改善，但百事可樂並沒有緊緊抓住消費者的變化而改變定位，還在繼續走廉價飲料的老路，被可口可樂抓住空檔攻擊為窮人的可樂，而大量地失去市場。

(5)根據競爭對手的變化。定位創新中應注重研究競爭對手並針對其定位缺陷，塑造自身的優勢。廣告主如頑固地堅持原來的定位不放，就會在競爭中處於被動的劣勢，甚至最終喪失整個市場。

總之，廣告定位需要隨著客觀條件的變化不斷進行創新、同時也需要根據公司內部條件的變化不斷創新。創新是一個公司不斷進步、成長的動力，也是競爭中使公司處於強勢地位的關鍵。

三、做好市場調查，使廣告更具針對性

當軟體出版公司（SPC）的顧客撥通技術諮詢或顧客服務熱線時，他們往往還需要回答一些有關個人情況的問題。這不是談判，只是銷售額達一・四三億元的SPC公司想知道顧客的姓名、公司的名稱、購買忠誠度、以及他們還對什麼別的軟體感興趣。這些問題看似簡單，對SPC來說卻視若珍寶，因為藉此可以不斷充實顧客數據資料庫，進而擴大現實顧客和潛在顧客的數量。

數據資料庫已成為SPC最有力的行銷工具，公司的主打產品，「哈佛書寫系統」可以使顧客用來製作各種彩色圖表，更清晰地瞭解經營狀況，售價只有五百九十五美元，公司主要透過顧客電話來瞭解他們對產品的意見。

吉本斯說：「我們一週接二千通電話，一年五千萬通，這是瞭解顧客意見及他們對我們要求的絕好機會。」

「將廣告傳播給顧客是令人欣喜的，但利用顧客數據資料庫這樣的新技術提高命中率更讓人高興。」當顧客資料存入數據資料庫以後，SPC搜集他們的興趣點，歸類整理成「電話行動」手冊，郵寄給顧客。許多情況下，公司馬上開展電話直銷活動，

打電話給顧客。

這種針對性極強的銷售可以將二十％的打電話尋求幫助的顧客轉化為ＳＰＣ產品的新顧客。直銷專家認為一％～二％的轉變是正常的。

「儘管有時失敗，但要記住，顧客的這種電話絕非無關緊要。他們花時間與我們聯繫，應有可能成為我們的現實或潛在顧客。在一天內我們連續不斷地詢問顧客所需並儘可能迅速地提供令他們滿意的答覆，這樣成為真正顧客的概率就會提高到五十％～六十％。」

ＳＰＣ認為，吸引顧客是一回事，維持顧客是另一回事。為了密切與顧客的聯繫，公司採取了以下一些措施：

(1)有傳真設備的任何人都可以索取公司的技術程式，產品特性及技術特點等傳真資料。

(2)公司採用傳真訂貨，顧客將訂貨單填好傳真給公司，公司立即供貨。

(3)「語音服務」是為解決顧客的麻煩而設置的一個自動聲音反應設備，顧客撥通「語音專線」，「語音服務」就會詢問你有什麼問題需要解決。顧客以按鍵說明問題，「語音服務」就會提出一套相應的解決辦法，顧客既可以在電話上聽，也可以要求以傳真形式發給他。

(4)技術期刊，公司發行介紹SPC軟體多種功能的雙月期刊。

SPC透過問卷調查或顧客服務、技術諮詢來統計顧客對公司的滿意程度，「我們每六個月進行一次調查，調查結果有助於企業發展的方向如：怎樣才能做得更好？在既有的競爭環境下，如何實施『做得更好』的諸項計劃？」

做廣告絕不能憑空想像，而必須深入分析研究消費者的行為，進行市場調查研究，根據主客觀條件做出廣告策劃。

同時，廣告者應透過廣告模式使自己的產品或服務區別於其他競爭者並以最吸引消費者的方法將產品或服務介紹給目標市場。一般情況下，廣告行為的決定要考慮以下條件的影響：

(1)目標市場的條件。做廣告必須針對目標市場，為此，廣告的策劃者必須對目標市場的條件有充分的把握及瞭解。具體是指瞭解市場消費能力和需求狀況。消費能力指目標市場所在的社會環境和經濟整體狀況，對人民的生活環境、購買力及投資生產的影響力。

進行廣告策劃行為時，要透過市場調查把握消費能力的趨勢，對相關的經濟環境做出較準確的評估。需求狀況是指目標市場有多大的需求容量，廣告策劃者要在明瞭整體動力的基礎上，進一步瞭解自己經營這類產品在該目標市場上的潛力，消費者對它的需要程度和購買的可能程度，乃至該類產品能否被消費者所接受。

比如說，在收入水準較低和道路尚未修建的地區做汽車推銷廣告，那註定是沒有效果的，因為它忽視了該市場的條件。

(2)產品自身的特點。廣告策劃者必須具備有自知之明的精神，只有知己才能知彼。在實行廣告行為之前，首先要知道自己經營的產品特色，透過比對分析，找出自己產品對哪些人具有吸引力，尋找目標市場，發掘出最有購買潛力的消費者。除了認定目標市場外，更要找出這些消費者有些什麼相同的特性，該類產品對他們有什麼吸引力。

同時還要進一步調查研究產品在消費者心目中的形象，這有助於瞭解消費者的購買動機及其選購本產品的原因。此外，還要調查研究自己產品在市場的定位，因為有利可圖的市場往往都集中著很多競爭品牌，競爭的增加就可能令利潤降低。當利潤降低的時候，重新調整自己產品的市場定位，就可能有助於鞏固和擴大市場占有率。因此，廣告行為的策劃，十分需要對自己產品在市場的定位進行調查研究，並時刻注意市場情況的動態，探索更有潛在價值和利潤的市場定位。

⑶消費者行為。消費者的消費行為是十分複雜的，同時也是多變的，是受消費心理或動機所影響的。在許多情況下，消費者對某種商品並沒有購買的計劃，但接受廣告資訊後，由於引起注意、產生興趣、進行聯想、產生慾望，結果引發對該商品的購買行為。因此，針對具體的消費心理進行廣告策劃行為，常常可取得明顯效果。

日本的本田公司為了把機車打入美國市場，在廣告行為上抓住了美國年輕人的消費心理，作了一則別出心裁的廣告，電視螢光幕以閃電的速度，在黑色背景上交替放映出拙劣筆跡書寫：我是誰？狗能思想嗎？我長得醜嗎？都是令人覺得荒誕不經的問題，與此同時，從背景後傳來各種稀奇古怪的聲音：有的像玻璃破碎、有的像炸彈爆炸，還有的像小孩在竊竊偷笑。

最後廣告才出現關鍵的話「最新型的本田五〇〇型機車——即使尚未盡善盡美，但它絕不會有什麼問題。」這則以怪誕形式出現的廣告，迎合了美國年輕人標新立異的心理，很快的本田機車暢銷美國。

⑷市場競爭的狀況。只要有商業經營，競爭是不可避免的，甚至說是非常激烈的。經營者為了鞏固和擴大其產品的市場占有率，都十分重視藉助於廣告策略。

推銷需要廣告，但廣告要真正做到有針對性的功效，其中一種重要功效是針對競爭者。針對競爭者的廣告行為，有隱性的和公開的，但都是針對競爭者而採取的行動。

比如，某刀片製造商作了一則廣告：「我們公司製造的刀片，總比別的牌子貴一點，我們曾經努力研究降低其成本，但是無法辦到，我們因而想到，把鬍子刮得乾乾淨淨，才是你最重要的事情。」這則廣告實質以守為攻，含蓄地宣傳本公司的產品要比別的牌子品質好，使消費者更信服。

(5)目標市場中消費族群的狀況。廣告行為是行銷組合的一個不容忽視的要素，是為實現企業目標市場服務的。而目標市場的選定則要以市場區分為基礎，所以，廣告行為要針對不同的區分市場和針對不同的消費族群才能有較好的作用。同一產品作廣告，針對一般消費者，則要強調感情宣傳；針對工業用戶則要強調理性宣傳。

在最終消費者當中，由於職業、地位、年齡、收入的差異，他們在對同一產品的選擇標準、消費習慣和購買動機等很多方面會有很大差別。廣告行為只有針對這些不同的消費族群，才能真正打動消費者的心，做到促進銷售的功能。

比如，盛行了上百年的李維牛仔褲，雖然它已成為世界名牌，但始終作為工作服而被工人等族群使用。到了二十世紀六〇年代，生產牛仔褲的李維公司針對不同消費族群，策劃了一則廣告：「年輕人穿了顯活力，老年人穿了更年輕，紳士們穿了更瀟灑。」說服了各類消費族群穿牛仔褲，因而其銷量大增。

(6)廣告傳媒的條件。媒體的策劃是廣告行為非常重要的組成成分。現代的廣告媒體多種多樣，分別適應於不同產品、不同市場、不同消費族群。因此，進行廣告行為前，必須作調查研究，針對消費者不同的閱讀或收看、收聽習慣，選擇不同的媒體，策劃不斷的廣告以發揮更大的效能。廣告行為是透過廣告媒體表現構想，使接觸廣告的大眾引起興趣，留下印象，促成購買慾望。

所以，媒體的選定必須做好兩方面的調查研究：一是數量方面的資料，即媒體的發行量、聽眾、觀眾或讀者的總數，媒體的廣告力量；二是品質方面的資料，即媒體的內容、素質及讀者的特性，是否有針對性、吸引性等。

總之，廣告行為是企業開發市場的一種有效手段，如果運用得好，能有效地使產品實現價值。與之相對應，如運用不當或不善於運用，有時會影響到企業的成敗。所以，在市場的行銷決策中，應做好市場調研，確實找出廣告行為的正確依據。

第三節　制定明確的策略目標，使廣告創意更富效益

長期以來，廣告公司及其客戶一直承受著與日俱增的壓力。一種品牌所需的廣告量與其財力所能承受的廣告量之間存在著越來越大的差距。

更糟的是，有跡象表明，廣告並不像過去那樣總能擊中目標。比如，澳大利亞、英國或美國的小汽車市場：二十世紀八〇年代末的澳大利亞，要賣出一輛車比七〇年代後期要多花一倍的廣告費；美國的情況也不相上下；在英國，則要多花兩倍的廣告費。啤酒市場也是半斤八兩：在世界各地，賣出一桶啤酒所花的廣告費都是十年前的二至三倍。

這顯示廣告效率的下降。隨著媒體廣告（如廣播、影視或報刊雜誌廣告）的相對失敗，許多企業把行銷管道轉向非媒體廣告（如產品目錄、直銷、公關、促銷活動和銷售點廣告）。

一、制定明確的廣告策略

策略永遠是最關鍵的，在產品高度同質化並越來越多的今天，一個不凡的廣告策略會使你脫穎而出。在選擇廣告策略時有幾點值得注意：

(1)明確的策略目標。誰知道該往哪裡走？不管是人生還是具體到一個專案策劃，一開始肯定都是茫然的，千頭萬緒卻不知從何著手。策劃高手就是用最短的時間找到那條最短的道路的人。他們在接手一個項目時，首先會設定一個目標。目標絕不能模糊，否則下面的工作是絕對無法進行的。

一個成功的策略首先需要一個明確的目標。比如：某配方能使皮膚有彈性的年輕女性從十％提高到三十％。像這樣簡潔而明確的目標，不管對哪個女孩子來說都是一目了然。

(2)抓準廣告訴求點。廣告關鍵的九個字是：「對誰講，講什麼，怎麼講。」當明確了對誰講之後，重要的是講什麼，把重點放在消費者的利益而不是單純強調產品的特質上。事實上消費者購買的是產品所能帶給他（她）的好處，而不是產品本身。就像化妝品賣給消費者的是美、青春、幻想，而非具體的某種膏狀物。

當大衛・奧格威在美國計劃一項反毒宣傳時，他發現利用權威人物來勸說少年不要嘗試毒品，並不是一個很好策略。原因是這些青少年都覺得自己聰明，有能力來控制自己吸毒的習慣。結果大衛・奧格威找到了一個更有效的策略，讓青少年覺得他們正在被毒品譏笑，具體而言，就是藉著毒販之口說這些青少年是容易下手的物件。

請記住：除非需要一個四分之一英吋的鑽孔，否則沒有人需要一個四分之一英吋的鑽頭。

寶潔利用多品牌策略，給每個品牌以鮮明不同的訴求點。其結果是，寶潔在各行業中擁有極高的市場占有率。舉例來說，在中國，它最先推出的洗髮精品牌是海飛絲，其訴求點是「去頭皮屑」；其後是飛柔，其訴求點著眼於「二合一」、「柔順髮質」；最後是潘婷，其定位於「營養髮質」。三大品牌訴求之不同，原因在於，對中國消費者的市場調查發現，「頭皮屑多」、「頭髮太乾太枯」、「頭髮分叉，不易護理」等是消費者最主要的煩惱。三大品牌滿足了不同需求的人群之需要。它後來又推出「沙宣」，其訴求點為「專業護理頭髮」。

四大洗髮精品牌給消費者提供充分選擇，最終結果是，寶潔的多個洗髮精品牌之總和占有中國洗髮精市場絕對多數的市場占有率。在美國，寶潔就有八個洗衣粉品牌、六種香皂品牌、四種洗髮精品牌和三種牙膏品牌，每種品牌的訴求點都不同。

(3)塑造自己品牌的個性。沒有個性的品牌不會引起注意。在市場上如果一個品牌失去了個性，那麼產品滯銷的那一天就不會太遠了。產品越來越多，品牌就成為區分一個產品和另外一個產品的重要因素。

比如兩個杯子，從「物」的作用上來說沒有多大的區別，消費者買這個而不買那個，就是由該杯子附加的資訊所決定的。品牌就是這附加資訊的靈魂。你必須賦予它個性和生命，那樣你一定會贏。大家買雀巢咖啡而不買雜牌咖啡，儘管雜牌總是比較便宜的。

(4)注重市場調查。調查就像穿衣服扣第一顆扣子，第一顆如果扣錯，後面就會錯了。策略規劃自然離不開調查，沒有調查就沒有發言權，事實上「講什麼、怎麼講」通常不是用腦子想出來的，而是實際去做、去調查所產生的。

(5)充滿力與美的語言。不要以為經過市場調查找到了正確的策略你就一定能成功，如果你缺乏「怎麼講」的能力，同樣會令一個有好的構想的策略淹沒在市場裡，天生麗質的女孩如果沒有合適的包裝和培養，一樣會被埋沒。

好的策略一定要用活潑生動的語言表現出來，才不會被市場遺忘。所以寧要粗糙的尖銳也不要細膩的圓滑。

⑹不要塞進太多的內容。如果你想一口吃下七個饅頭或捉住七隻兔子，最終的結果可能是一無所獲。

⑺相信自己，而不要相信所謂的權威。策略制定後，一定會有人七嘴八舌。如果你的策略來自對市場準確的判斷，就不要用再懷疑它，更不要相信任何權威。

二、使廣告創意更富效益的原則

建立一種更複雜的創新架構，需要人們發揮更多的想像力，而不是更少。這是因為企業的目標越來越高，而廣告製作和媒體的預算卻越來越少。

沒有任何簡單的竅門能徹底改變廣告的方式。不過，有一些架構有助於使廣告創意更富效益。以下是其中的六種方式：

⑴仔細研究產品，直至找出它的優勢。並非所有產品都生而平等。研究顯示，成功的新產品中只有七十四％在消費者調查中勝過競爭對手；而廣告失敗的新產品中僅二十四％具有卓越品質。然而，廣告界長久以來卻堅信，只要巧加包裝就能使產品在市場所向披靡！因此，廣告業必須將目光重新回到產品本身，努力尋求能打動顧客的

產品優勢，設法把這些優勢融入廣告之中。

仔細研究產品並不能解決廣告中的所有難題，但能加深人們對產品的瞭解，使廣告更富成效。

(2)資源再利用。大部分廣告客戶都有一筆他們沒有開發的強大資產，即那些未曾推出就被丟棄的舊廣告。今天的媒體成本說明，廣告商越來越需要利用、優化並重整這些廣告資產。

這有悖於多數廣告公司的信條。以丹麥燻肉公司為例，自八〇年代初公司就不再使用「美味燻肉首推丹麥」的廣告詞。但調查顯示六十%的購買者對它仍記憶猶新。這就是說，按今天的媒體價格計算，有價值四千萬英磅的舊廣告可再次利用。因此，廣告公司花二百萬英磅重新挖掘這個舊廣告，而不是從頭再造一種廣告資產。

(3)電視短廣告。充分利用廣告預算的一條捷徑是使用短廣告。

從另一角度來看這個問題，就是學習法國廣告代理商的做法。他們把廣告看作是增加了聲音和動作的海報，而不是去掉了某些元素的廣告。結果便產生了在長度上有意壓縮到十秒、二十秒的廣告。這些短廣告，使佳能公司上了本來付不起費用的電視廣告。短廣告不能完全取代三十秒、四十秒或六十秒的廣告。但是，它們也不是太多的廣告公司所認定的那種二流廣告。

(4)公關廣告。公關廣告是公關和廣告的混合品。雖然其貌不揚卻十分有效。它意味著主動設計廣告爭取傳媒報導，而不是事後利用傳媒宣傳。這一方法在今後十年會有更多的廣告商應用。它要求廣告公司和公關公司更密切合作。

(5)創造十年的廣告資產。廣告已死，但廣告活動卻長盛不衰。這已成為九〇年代的準則。創造長期廣告資產並非易事，而且人的創造力使得廣告花招百出，因而要創造長期廣告資產更是難上加難。

氣勢不凡的廣告活動常常是虛張聲勢。海尼根啤酒公司頭兩年的廣告看來是一場很有潛力的廣告活動，但廣告沒有成效。但慶幸的是，精明的廣告客戶勇氣十足，並沒就此罷手，而是堅持這一廣告創意加以發展。

(6)廣告不止是廣告。廣告商需要更加注重為客戶增加價值，而不是一味追求增加資金。各種活動贊助和贊助專案等一般不需代理的領域存在許多新的機遇，為廣告商創造了機會。

像可口可樂贊助歐洲杯足球賽的廣告服務一樣，他們設計了林林總總七十多個大大小小的不同廣告把可口可樂有效地與足球世界聯繫在一起。傳統上，廣告公司本來不願參與這種活動。但是，它們要滿足客戶的需求，將來就必須投身其中。

做到這一點，廣告代理商與客戶之間已經受到嚴重削弱的信任關係就可能恢復。沒有這種信任，不做出一些調整，越來越多的客戶將喪失對廣告的重視。

對越來越多的廣告商來說，他們將收到更多的壞消息。廣告人無法適應就一無是處。適者生存，精明至極的客戶最終會找到最能適應這種環境的廣告商。

▶ 行銷經理—菁英培訓版

（讀品讀者回函卡）

■ 謝謝您購買這本書，請詳細填寫本卡各欄後寄回，我們每月將抽選一百名回函讀者寄出精美禮物，並享有生日當月購書優惠！
想知道更多更即時的消息，請搜尋"永續圖書粉絲團"

■ 您也可以使用傳真或是掃描圖檔寄回公司信箱，謝謝。
傳真電話：（02）8647-3660　　信箱：yungjiuh@ms45.hinet.net

◆ 姓名：＿＿＿＿＿＿＿＿＿＿　□男 □女　□單身 □已婚

◆ 生日：＿＿＿＿＿＿＿＿＿＿　□非會員　□已是會員

◆ E-mail：＿＿＿＿＿＿＿＿＿＿　電話：(　)＿＿＿＿＿

◆ 地址：＿＿＿＿＿＿＿＿＿＿＿＿＿＿＿＿＿＿＿＿

◆ 學歷：□高中以下　□專科或大學　□研究所以上　□其他＿＿＿＿

◆ 職業：□學生　□資訊　□製造　□行銷　□服務　□金融
□傳播　□公教　□軍警　□自由　□家管　□其他＿＿＿＿

◆ 閱讀嗜好：□兩性　□心理　□勵志　□傳記　□文學　□健康
□財經　□企管　□行銷　□休閒　□小說　□其他

◆ 您平均一年購書：□ 5本以下　□ 6～10本　□ 11～20本
□21～30本以下　□ 30本以上

◆ 購買此書的金額：＿＿＿＿＿＿

◆ 購自：□連鎖書店　□一般書局　□量販店　□超商　□書展
□郵購　□網路訂購　□其他

◆ 您購買此書的原因：□書名　□作者　□內容　□封面
□版面設計　□其他

◆ 建議改進：□內容　□封面　□版面設計　□其他＿＿＿＿

您的建議：

寄回至：22103新北市汐止區大同路三段194號9樓之1讀品文化收」

廣 告 回 信
基隆郵局登記證
基隆廣字第 55 號

2 2 1-0 3

新北市汐止區大同路三段 194 號 9 樓之 1

讀品文化事業有限公司 收

電話/(02)8647-3663　　傳真/(02)8647-3660

劃撥帳號/18669219　　永續圖書有限公司

請沿此虛線對折免貼郵票或以傳真、掃描方式寄回本公司，謝謝！

讀好書品嚐人生的美味

行銷經理—菁英培訓版